Untersuchung des Einflusses von Rohrstrukturierungen und Drahtgestrickeinbauten auf die Naturumlaufverdampfung

Von der Fakultät für Maschinenbau

der Technischen Universität Carolo-Wilhelmina zu Braunschweig

zur Erlangung der Würde

eines Doktor-Ingenieurs (Dr.-Ing.)

genehmigte Dissertation

von: Dipl.-Ing. Jochen Hammerschmidt

aus: Paderborn

eingereicht am: 05.04.2013

mündliche Prüfung am: 19.06.2013

Referenten: Herr Prof. Dr.-Ing. S. Scholl

Frau Univ.-Prof. Dr.-Ing. habil. A. Luke

Vorsitzender: Herr Prof. Dr. rer. nat. A. Dietzel

Vorwort

Die vorliegende Arbeit entstand während meiner Tätigkeit als wissenschaftlicher Mitarbeiter am Institut für Chemische und Thermische Verfahrenstechnik der Technischen Universität Braunschweig.

Besonders bedanken möchte ich mich bei meinem Doktorvater Herrn Prof. Dr.-Ing. Stephan Scholl für die Bereitstellung des Themas, seine Unterstützung und das entgegengebrachte Vertrauen. Frau Prof. Dr.-Ing. habil. Andrea Luke danke ich für das Interesse an meiner Arbeit und die Übernahme des Koreferates. Für die sehr kurzfristige Übernahme des Prüfungsvorsitzes bedanke ich mich herzlich bei Herrn Prof. Dr. rer. nat. Andreas Dietzel.

Das Arbeitsklima und den Umgang miteinander habe ich in meiner Zeit am ICTV als sehr positiv empfunden, hierfür danke ich allen Mitarbeitern. Besonders bedanken möchte ich mich bei meinen Bürokolleginnen Dr.-Ing. Stefanie Arndt und Dr.-Ing. Katharina Jasch, die durch viele Diskussionen und Ideen wesentlich zu dieser Arbeit beigetragen haben. Herrn Karl Karrenführer und dem Team der Werkstatt sowie Herrn Karl-Heinz Pfeil danke ich für die konstruktive Gestaltung der Versuchsanlagen und die schnelle und engagierte Unterstützung bei kleinen und größeren „Katastrophen“. Frau Marion Harms danke ich herzlich für die Abwicklung der administrativen Angelegenheiten- vor allem aber auch für die persönlichen Gespräche und die Unterstützung.

Die finanziellen Mittel zur Durchführung dieser Arbeit sind vom Bundesministerium für Wirtschaft und Technologie über die Arbeitsgemeinschaft industrieller Forschungsvereinigungen (AiF) durch die GVT zur Verfügung gestellt worden. Ich danke allen Projektbeteiligten, die mit Unterstützung und Ratschlägen zum Projektfortschritt beigetragen haben.

Meine Eltern und meine Schwester haben mein Leben entscheidend geprägt. Ihnen möchte ich herzlich danken für ihr Vertrauen und ihre Unterstützung. Ein besonderer Dank gilt meiner Partnerin Dörte Seider für den Zuspruch und die jahrelange Geduld.

Braunschweig, November 2013

Kurzfassung

Inhalt dieser Arbeit ist der Einfluss eines Drahtgestrick-Inserts sowie eines innenberippten Rohrs auf die Fluiddynamik sowie den Wärmeübergang bei der Naturumlaufverdampfung. Hierzu wurden experimentelle Untersuchungen in zwei Versuchsanlagen durchgeführt. Zur Ermittlung des ein- und zweiphasigen Wärmeübergangs sowie des zweiphasigen Druckverlusts wurde ein dampfbeheizter Einrohr-Naturumlaufverdamper der Geometrie $d_a \times s \times L_{VR} = 20 \times 2 \times 1500$ mm verwendet. Als Versuchsmedien dienten Wasser und ein Wasser-Glycerin Gemisch; die Beheizung erfolgte mantelseitig mit kondensierendem Wasser- bzw. Hexanoldampf. Ergebnisse zum einphasigen rohrseitigen Wärmeübergang wurden sowohl im Zwangsumlaufbetrieb für die gesamte Rohrlänge als auch in der Aufheizzone im Selbstumlaufbetrieb gewonnen. Die Ermittlung des zweiphasigen Wärmeübergangs und Druckverlusts erfolgten in der Verdampfungszone mit Naturumlauf. Variiert wurden beim Naturumlauf der Betriebsdruck, die treibende Temperaturdifferenz sowie der scheinbare Flüssigkeitsstand. Die Ermittlung ein- und zweiphasiger Druckverluste erfolgte an einer unbeheizten Fluiddynamikanlage mit Versuchsrohren der gleichen Geometrie.

Mit Verwendung des innenberippten Kupferrohrs wurde eine signifikante Steigerung des rohrseitigen Wärmeübergangs vor allem in der Verdampfungszone gegenüber dem Referenzrohr aus glattem Edelstahl festgestellt. Aufgrund der starken Wärmeübergangsverbesserung in der Verdampfungszone weist das innenberippte Kupferrohr eine starke Abhängigkeit der integralen Wärmestromdichte von der Flüssigkeitsunterkühlung am Verdampferrohreintritt auf. Niedrige scheinbare Flüssigkeitsstände und große Betriebsdrücke führen aufgrund einer langen Verdampfungszone zu großen Wärmeübergangskoeffizienten. Der Umlaufstrom liegt für das innenberippte Rohr in einer ähnlichen Größenordnung wie der des Glattrohrs.

Bei Verwendung des untersuchten Drahtgestrick-Inserts treten gegenüber dem Glattrohr signifikant größere Druckverluste auf, was insgesamt zu geringeren Umlaufgeschwindigkeiten führt. Im Vergleich zum Glattrohr ist eine Verbesserung des Wärmeübergangs sowohl in der Aufheiz- als auch in der Verdampfungszone festzustellen. Hierdurch weisen die integralen Wärmestromdichten keine signifikante Abhängigkeit vom scheinbaren Flüssigkeitsstand auf. Das Insert ist daher vor allem bei einer starken Flüssigkeitsunterkühlung am Verdampferrohreintritt vorteilhaft.

Etablierte Korrelationen wurden an die Messdaten angepasst, um eine Vorausberechnung der Naturumlaufverdampfung bei Nutzung der Turbulenzpromotoren zu ermöglichen. Ein Vergleich der Messergebnisse mit Daten eines iterativ, segmentweise rechnenden Simulationsprogramms zeigen qualitativ eine gute Übereinstimmung, wohingegen in Abhängigkeit von den Betriebsbedingungen quantitativ Unterschiede auftreten. Während die ermittelten Korrelationen für den einphasigen Wärmeübergang und Druckverlust die Messwerte gut wiedergeben können, ist im zweiphasigen Bereich eine Verbesserung der Berechnungsgleichungen wünschenswert.

Abstract

The aim of this thesis is to investigate the effect of a wire mesh insert and a structured tube on fluid dynamics and heat transfer in natural circulation evaporation. To this experiments were conducted in two test rigs. For obtaining data for the single- and two-phase heat transfer and the two phase pressure drop, measurements were carried out in a vapor heated single tube thermosiphon reboiler with the tube dimensions of d_a x s x L = 20 x 2 x 1500 mm. Water and a water glycerol mixture were used as testing fluids. On the service side the tube was heated with condensing water or hexanol vapor respectively. Results for the single-phase heat transfer were not only gained by using forced circulation for the whole tube length but also by using natural circulation for the length of the convective heat transfer zone only. The two-phase heat transfer was measured in the evaporation zone using selfcirculation. When operating the test rig as a thermosiphon reboiler, pressure, driving temperature difference, and apparent liquid head were varied. For the single and two-phase pressure drop measurements, an unheated fluid dynamic test rig with identical tube geometry was used.

When comparing the structured copper tube to the smooth stainless steel tube, a significant increase in the tube side heat transfer coefficient, especially in the evaporation zone, was detected. Due to the considerable increase in heat transfer in the evaporation zone, the heat flux of the structured copper tube is strongly dependent on the sub-cooling of the liquid at the tube insert. Low apparent liquid heads and high operating pressures lead to a long evaporation zone, and thus to high tube side heat transfer coefficients. The circulation rate is similar in both test tubes.

When using the wire mesh insert, significantly higher pressure drops are noted in comparison to the smooth tube, resulting in a decreased circulation flow. In comparison to the smooth tube the wire mesh insert leads to an improved heat transfer in both, the convective heating and evaporation zones. Thus, the heat fluxes here do not significantly depend on the apparent liquid head. The wire mesh insert is therefore of particular advantage in cases where the liquid at the tube entrance is sub-cooled.

Well-established correlations were fitted to the experimental data to facilitate an estimation of natural circulation evaporation when using turbulence promoters. Results from a segmental, iterative simulation program show a good qualitative fit with the experimental data, whereas quantitative deviations, dependent on the operating conditions, occur. While the calculated correlations for the single-phase heat transfer and pressure-drop are in good agreement with the experimental results, an improvement of the two-phase correlations would be desirable.

Symbolverzeichnis

Lateinische Buchstaben

Zeichen	**Einheit**	**Bedeutung**
A	m²	Fläche
C_F	-	Flüssigkeitseigenschaft
c_p	$J\ kg^{-1}\ K^{-1}$	spezifische Wärmekapazität
d	m	Durchmesser
f	-	Korrekturfaktor Rieselfilm, Gln. (2.8, 2.9)
g	$m\ s^{-2}$	Erdbeschleunigung
h	m	Höhe
h_s^*	-	scheinbarer Flüssigkeitsstand, $h_s^* = h_s / L_{VR}$
Δh_{vl}	$J\ kg^{-1}$	spezifische Verdampfungsenthalpie
$\Delta \tilde{h}_{vl}$	$J\ mol^{-1}$	molare Verdampfungsenthalpie
K	m	absolute Rauheit
L	m	Länge
M	$g\ mol^{-1}$	Molmasse
m	kg Leichtsieder kg^{-1} ges	Massenanteil
$\dot{M}$	$kg\ s^{-1}$	Massenstrom
$\dot{m}$	$kg\ m^{-2}\ s^{-1}$	Massenstromdichte
n_{Seg}	-	Segmentanzahl
p	Pa	Druck
$\dot{q}$	$W\ m^{-2}$	Wärmestromdichte
$\dot{Q}$	W	Wärmestrom
r	m	Radius
R_a	m	Mittenrauhwert
R_s	$J\ kg^{-1}\ K^{-1}$	spezifische Gaskonstante
s	-	Schlupf
T	° C	Temperatur
V_A	-	Querschnittsverhältnis
w	$m\ s^{-1}$	Geschwindigkeit
X	-	Druckverlustquotient (Lockhart-Martinelli)
x	mol Leichtsieder mol^{-1} ges	Molanteil in der Flüssigkeit
$\dot{x}$	-	Massenstromdampfanteil
y	mol Leichtsieder mol^{-1} ges	Molanteil im Dampf

Griechische Buchstaben

Zeichen	Einheit	Bedeutung
α	$W\ m^{-2}\ K^{-1}$	Wärmeübergangskoeffizient
β	$m\ s^{-1}$	Stoffübergangskoeffizient
γ	-	Intermetenzfaktor, Gl. (2.25)
Δ	-	Differenz
ε	m^3 Dampf m^{-3} ges	volumetrischer Dampfgehalt
Φ	-	Zweiphasendruckverlustkoeffizient
Γ	-	Stützdruckbeiwert, Gl. (2.89)
$\dot{\Gamma}$	$kg\ m^{-1}\ s^{-1}$	Berieselungsdichte
η	Pa s	dynamische Viskosität
λ	$W\ m^{-1}\ K^{-1}$	Wärmeleitfähigkeit
ν	$m^2\ s^{-1}$	kinematische Viskosität
π	-	Kreiszahl
ρ	$kg\ m^{-3}$	Dichte
$\tilde{\rho}$	$mol\ m^{-3}$	molare Dichte
σ	$N\ m^{-1}$	Oberflächenspannung
ξ	-	Druckverlustbeiwert
ζ	-	Widerstandsbeiwert

Indizes

Zeichen	Bedeutung	Zeichen	Bedeutung
2Ph	zweiphasig	F	Film
a	außen	Feed	Feed
äquiv	äquivalent	Flash	Flashverdampfung
Ar	Armaturen	geod	geodätisch
Aufh	Aufheizen	ges	gesamt
aus	austretend	glatt	glatt
BA	Brüdenabscheider	Gly	Glycerin
ber	berippt	HD	Heizdampf
Beschl	Beschleunigung	Heiz	Heizseite
BR	Brüdenrohr	i	innen
BS	Blasensieden	Kond	Kondensat
char	charakteristisch	konv	konvektiv
dim	dimensionslos	konvS	konvektives Sieden
eff	effektiv	Korr	Korrektur
ein	eintretend	kr	Keimradius
Erw	Erweiterung	krit	kritisch

Indizes (Fortsetzung)

Zeichen	Bedeutung	Zeichen	Bedeutung
l	laminar	Stabw	Standardabweichung
liq	flüssig	Steigl	Steigleitung
log	logarithmisch	t	turbulent
m	mittel	Therm	Thermoelemente
Mittelw	Mittelwert	Ü	Übergangsbereich
mol	molar	Umlauf	Umlauf
onb	Beginn des Blasensiedens	vap	dampfförmig
Pinch	Pinch-Punkt	Verd	Verdampfung
Prod	Produktseite	vl	Siedezustand
Reib	Reibung	VR	Verdampferrohr
rel	relativ	W	Wand
Rippen	Rippen	Wa	Wasser
Seg	Segment	well	wellig

Dimensionslose Kennzahlen

Froude-Zahl $$Fr = \frac{16 \cdot \dot{M}}{g \cdot \rho_{liq}^2 \cdot \pi^2 \cdot d_i^5}$$

Graetz-Zahl $$Gz = Re \cdot Pr \cdot \frac{d_i}{L_{VR}}$$

Nusselt-Zahl (Kondensatfilm) $$Nu = \frac{\alpha \cdot L_{char}}{\lambda}$$

Nusselt-Zahl (Rohrströmung) $$Nu = \frac{\alpha \cdot d_i}{\lambda}$$

Prandtl-Zahl $$Pr = \frac{c_p \cdot \eta}{\lambda}$$

Reynolds-Zahl (Kondensatfilm) $$Re_F = \frac{\dot{\Gamma}}{\eta}$$

Reynolds-Zahl (Rohrströmung) $$Re = \frac{w \cdot \rho \cdot d_i}{\eta}$$

Weber-Zahl $$We = \frac{16 \cdot \dot{M}^2}{\sigma \cdot \rho_{liq} \cdot \pi^2 \cdot d_i^5}$$

1 Einleitung

Naturumlaufverdampfer gehören zu den am häufigsten verwendeten Verdampfertypen in der stoffwandelnden Industrie [Scholl, 1998]. Neben dem vertikalen, außenliegenden Rohrbündelverdampfer gibt es eine Vielzahl an Bauformen, wie beispielsweise kompakte Plattenapparate oder horizontale Rohrbündel [Scholl, 2011; Rant, 1977; Arneth, 2001; Mersmann, 2005].

In dieser Arbeit wird der vertikale Rohrnaturumlaufverdampfer betrachtet, der in der chemischen Industrie der am häufigsten eingesetzte Verdampfer ist [Sloley, 1996]. Ihr bevorzugter Einsatz liegt in der Dampferzeugung im Sumpf von Rektifikationskolonnen. Weiterhin werden sie für ein- und mehrstufige Eindampfungen verwendet. Der charakteristische Selbstumlauf wird durch den Dichteunterschied zwischen der unterkühlten, einphasigen Flüssigkeit im Zulauf und dem zweiphasigen Flüssigkeits-Dampfgemisch im Verdampferrohr induziert. Hierdurch ist zum Betrieb des Verdampfers keine Umlaufpumpe erforderlich. Im Vergleich zu anderen Verdampferbauarten ergeben sich hieraus eine geringe Scherbeanspruchung des Produktes sowie niedrige Investitionen und Betriebskosten. Aufgrund des einfachen Aufbaus und der freien Materialwahl lässt sich der Apparat zudem gut reinigen.

Als nachteilig erweist sich die Kopplung von Fluiddynamik und Wärmeübertragung. Für den stabilen Betrieb von Naturumlaufverdampfern ist eine minimale treibende Temperaturdifferenz zwischen Heiz- und Produktseite erforderlich, um eine ausreichende Dampfblasenbildung zu erreichen [Scholl, 2011]. Weitere Beschränkungen des Betriebsbereiches ergeben sich für den produktseitigen Druck. Insbesondere bei einem Systemdruck von $p_{BA} < 0{,}2$ bar kann die starke Unterkühlung der Flüssigphase am Einlauf des Verdampferrohrs zu einem geringen Dampfanteil verbunden mit einem instabilen Umlaufverhalten führen. Weiterhin weisen Naturumlaufverdampfer eine relativ lange Verweilzeit des Mediums an der heißen Verdampferrohrwand auf, wodurch es bei thermisch sensiblen Medien zu einer Produktschädigung kommen kann. Füllstandsschwankungen im Zulauf sowie erhöhte Viskositäten sind für die Naturumlaufverdampfung ebenso nachteilig. Die Auslegung des Apparates ist durch die Wechselwirkung von Fluiddynamik und Wärmeübertragung aufwendig und mit Unsicherheiten belegt. Aufgrund dieser Unsicherheiten werden Naturumlaufverdampfer oft überdimensioniert oder bei grenzwertigen Betriebsbedingungen andere Verdampfertypen zum Erreichen der Verfahrensaufgabe verwendet. Diese Verdampfer weisen in Bezug auf Investitionen und Betriebskosten zum Teil erhebliche Nachteile gegenüber Naturumlaufverdampfern auf.

Zur Intensivierung des Wärmeübergangs werden in der Prozessindustrie strukturierte Oberflächen und Turbulenzpromotoren verwendet. Etabliert sind beispielsweise der Einsatz von Drahtgestrickeinbauten zur Schmierölkühlung in Luftkühlern [Ellerby, 2011] oder die Verwendung von Rippenrohren zur Verdampfung von Kältemitteln [Rollmann, 2011]. Der Einsatz von Einbauten und strukturierten Oberflächen bietet auch für Naturumlaufverdampfer ein großes Potential. In Arbeiten von M. Reza, J. Nasr sowie G. T. Polly, I. Gibbard [Reza, 2006; Gibbard, 1998] wird der Einsatz von Turbulenzpromotoren in Naturumlaufverdampfern simuliert. Hierbei wurde der Einfluss der Einbauten auf den einphasigen Wärmeübergang und Druckverlust in der Aufheizzone berücksichtigt. Der Einfluss von wärmeübergangsverbessernden Einbauten im zweiphasigen Gebiet ist in den Modellen nicht enthalten. Experimentelle Ergebnisse zum Einsatz von Turbulenzpromotoren in Naturumlaufverdampfern sind in [Scholl, 2005] dargestellt.

Insgesamt ist der Einsatz von Turbulenzpromotoren in Naturumlaufverdampfern bislang unzureichend untersucht. Eine verlässliche Vorausberechnung der Naturumlaufverdampfung bei Nutzung von Einbauten oder strukturierten Verdampferrohroberflächen ist nicht möglich. Die Gründe hierfür liegen in der komplexen Wechselwirkung von Fluiddynamik und Wärmeübergang sowie der geringen Anzahl an publizierten Messdaten.

In dieser Arbeit wird der Einfluss eines Drahtgestrick-Inserts sowie eines innenberippten Rohrs auf die Fluiddynamik und den Wärmeübergang bei der Naturumlaufverdampfung in einem dampfbeheizten Einrohr-Naturumlaufverdampfer untersucht und mit Referenzmessungen eines glatten Edelstahlrohrs verglichen. Auf Basis ein- und zweiphasiger Druckverlust- und Wärmeübergangsmessungen werden Korrelationen zur Berechnung der Aufheiz- und Verdampfungszone des Naturumlaufverdampfers vorgestellt. Mit Hilfe eines iterativen und segmentweise rechnenden Simulationsprogramms werden die semiempirischen Korrelationen für die Vorausberechnung der Naturumlaufverdampfung verwendet und mit Messdaten verglichen.

2 Grundlagen und Stand des Wissens

Der Selbstumlauf von Naturumlaufverdampfern stellt sich aufgrund von Dichteunterschieden zwischen einphasigem Zulauf und dem Flüssigkeits-Dampfgemisch im Verdampferrohr ein. Mit steigender Umlaufgeschwindigkeit erhöht sich der rohrseitige Wärmeübergang, wodurch eine größere Dampfmenge entsteht. Den Erhöhungen des Wärmeübergangs und des Umlaufstroms wirken ein- und zweiphasige Druckverluste im Zulauf, im Verdampferrohr und im Brüdenrohr entgegen. Aufgrund dieser Wechselwirkung zwischen Wärmeübergang und Fluiddynamik stellt sich für die jeweiligen Bedingungen ein entsprechender Umlaufstrom ein. Neben stofflichen Parametern (Dichte, Viskosität, Verdampfungsenthalpie und Wärmekapazität des Fluids) beeinflussen apparative Größen, wie die Geometrie des Zulaufes, das Verdampferrohr (Abmessungen, Material, Rauheit) und die Brüdenrohrgeometrie, das Betriebsverhalten des Naturumlaufverdampfers. Ebenso einen Einfluss haben betriebliche Größen wie der Betriebsdruck im Brüdenabscheider p_{BA}, die treibende Temperaturdifferenz ΔT und der scheinbare Flüssigkeitsstand h_s^*. Dieser ergibt sich aus dem Flüssigkeitsstand im Brüdenabscheider zum Eintritt des Verdampferrohrs h und der beheizten Länge des Verdampferrohrs L_{VR} nach Gl. (2.1), siehe Abb. 2.1.

$$h_s^* = \frac{h}{L_{VR}}. \tag{2.1}$$

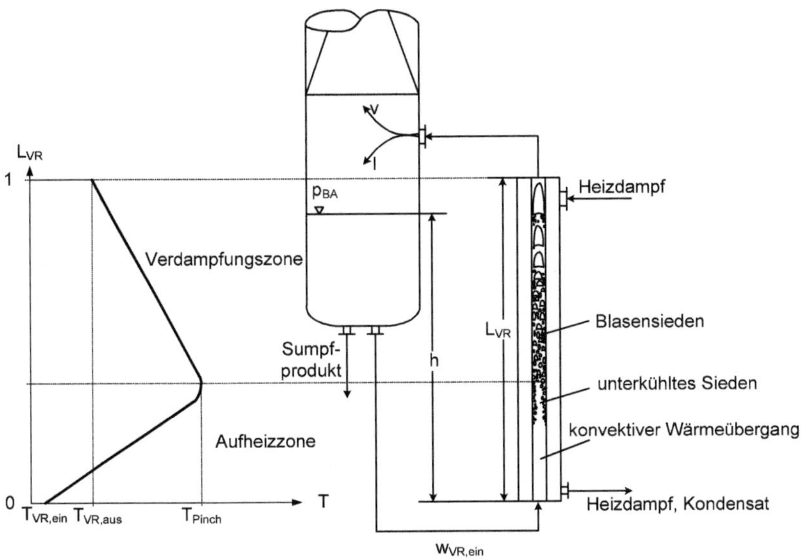

Abb. 2.1: Funktionsweise und Kernströmungstemperaturprofil (Reinstoff) eines Naturumlaufverdampfers

Die Mechanismen des Wärmeübergangs und Druckverlustes in Naturumlaufverdampfern verändern sich in axialer Richtung entlang des Verdampferrohrs. Im Zulauf des Verdampferrohrs strömt die Flüssigkeit aufgrund des hydrostatischen Drucks der Flüssigkeitssäule und ggf. der Wärmeverluste unterkühlt in das Verdampferrohr ein. In der Aufheizzone erwärmt sich die Flüssigkeit zunächst konvektiv an der Verdampferrohrwand. Neben einem hydrostatischen Druckabfall kommt es zu einphasigen Reibungsdruckverlusten. Durch den abnehmenden Druck und die Temperaturerhöhung der Flüssigkeit bilden sich an der Verdampferrohrwand erste Dampfblasen. Diese kollabieren bei Ablösung von der Wand, da die Siedetemperatur in der Kernströmung noch nicht erreicht ist. Dieser Zustand des unterkühlten Siedens geht mit Erreichen der Siedetemperatur in der Kernströmung in das Blasensieden über. Mit Beginn der Verdampfungszone bleiben die Dampfblasen der Strömung stabil und es erfolgt eine Zunahme des Dampfgehaltes. Aufgrund des Gleichgewichtes zwischen Flüssig- und Dampfphase ist die Temperatur in der Verdampfungszone vom lokalen Druck und der örtlichen Gemischzusammensetzung abhängig. Bei Reinstoffen und engsiedenden Gemischen folgt daraus eine Verringerung der Kernströmungstemperatur axial im Verdampferrohr aufgrund des abnehmenden Drucks, siehe Abb. 2.1. Bei weitsiedenden Gemischen kann durch die Anreicherung von Schwersiedern ein deutlich geringerer Temperaturabfall oder sogar ein Anstieg der Temperatur in der Kernströmung erfolgen [Scholl, 2011]. Ist die Wandüberhitzung nicht ausreichend zur Bildung von Dampfblasen, kann in der Verdampfungszone anstelle des Blasensiedens konvektives Sieden vorliegen. Bei dieser Art des Wärmeübergangs wird die Wärme konvektiv von der Rohrwand an das Fluid übertragen. Die Verdampfung der Flüssigkeit findet in diesem Fall an der Phasengrenze zum Dampf statt.

In Abhängigkeit vom Dampfanteil im Verdampferrohr bilden sich in der Verdampfungszone unterschiedliche Strömungsformen aus. Für senkrechte Rohre ist die Strömungskarte nach Hewitt und Roberts [Hewitt, 1969] zur Beschreibung der Strömungszustände etabliert. Zu Beginn der Verdampfungszone strömt die Dampfphase in Form von in der flüssigen Phase verteilten Blasen, der sogenannten Blasenströmung, durch das Verdampferrohr. Mit zunehmendem Dampfgehalt koaleszieren diese Blasen und es bildet sich eine Pfropfenströmung. Hierbei nimmt die Dampfphase nahezu den vollständigen Querschnitt des Verdampferrohrs ein. Durch weitere Wärmezufuhr und die Entspannungsverdampfung aufgrund des abnehmenden Drucks bildet sich nach einem chaotischen Strömungszustand schließlich eine Ringsträhnenströmung bzw. eine Ringströmung aus. Naturumlaufverdampfer werden in der Regel im Bereich der Blasenströmung bis maximal zum Beginn der Filmströmung betrieben.

Das Flüssigkeits-Dampfgemisch durchströmt das Brüdenrohr des Verdampfers, wodurch neben einem hydrostatischen Druckabfall Reibungsdruckverluste auftreten. Mit abnehmendem Druck sinkt aufgrund des thermodynamischen Gleichgewichts die Siedetemperatur des Fluids, was zu einer Flashverdampfung und einer Erhöhung des Dampfanteils führt. Aufgrund von Querschnittserweiterungen und Umlenkungen im

Brüdenrohr treten zusätzliche Druckverluste auf, bis das zweiphasige Gemisch schließlich in den Brüdenabscheider strömt und sich in dampfförmige und flüssige Phase trennt. Durch das Ausdampfen von leichtsiedenden Stoffen kann die Temperatur des zweiphasigen Gemisches über der Fluidtemperatur im Brüdenabscheider liegen. Beim Vermischen mit der zuströmenden flüssigen Phase erfolgt in diesem Fall eine Nachverdampfung aus der Flüssigkeitsvorlage.

Die Zulaufgeometrie hat beim Betrieb von Naturumlaufverdampfern einen starken Einfluss auf das Betriebsverhalten. In den Zulauf zum Verdampfer wird häufig eine Drossel integriert oder die durchströmte Fläche im Vergleich zum Verdampferrohr bis auf die Hälfte reduziert [Seelinger, 2006; Fair, 1960]. Hierdurch kann im Einlaufbereich ein reduzierter Umlaufstrom eingestellt und pulsierendes Umlaufverhalten unterdrückt werden. Weiterhin ist durch den erhöhten Druckverlust im Verdampferrohrzulauf die Aufheizzone verkürzt und die Zone des Blasensiedens vergrößert.

Die Gestaltung des Brüdenrohrs beeinflusst das Betriebsverhalten von Naturumlaufverdampfern deutlich. Durch die starke Ausdehnung beim Phasenwechsel von flüssiger zur dampfförmigen Phase liegen im Vergleich zum einphasigen Eintritt des Verdampferrohrs am Austritt erheblich größere mittlere Strömungsgeschwindigkeiten vor. Um die Druckverluste am Austritt zu reduzieren sollte das Brüdenrohr mindestens die gleiche Querschnittsfläche aufweisen wie die Verdampferrohre. Ein Brüdenrohr mit zu geringem Querschnitt kann zu einem instabilen Betriebsverhalten mit Pulsation führen [Kister, 1990]. Dieses Verhalten stellt insbesondere beim Betrieb des Verdampfers im Vakuum aufgrund der geringeren Dampfdichte eine Gefahr dar, die zu einer Beschädigung von Einbauten führen kann. Bei einem zu großen Querschnitt des Brüdenrohrs kann es zu einem Ausdampfen des Leichtsieders im Verdampferrohr kommen, verbunden mit einer signifikanten Abnahme oder eines Zusammenbruchs des Umlaufstroms. In diesem Fall besteht die Gefahr einer thermischen Produktschädigung. Ist die treibende Temperaturdifferenz für ein Wiederanspringen des Umlaufs zu gering, kann durch kurzzeitiges Eindüsen von Gas die Dichte im Verdampfer- und Brüdenrohr reduziert werden. Hierdurch wird ein Umlaufstrom induziert und die Flüssigkeit im Verdampferrohr ausgetauscht, so dass der Naturumlauf wieder starten kann [Kister, 1990].

Die Kopplung von Fluiddynamik und Wärmeübergang erschwert die Vorausberechnung von Naturumlaufverdampfern. Da weder der Umlaufstrom noch die übertragene Wärmemenge zu Beginn einer Berechnung bekannt sind, ist ein iteratives Vorgehen erforderlich. Iterative Modelle zur Berechnung der Naturumlaufverdampfung wurden u.a. von Dialer [Dialer, 1983], Kaiser [Kaiser, 1988] und Arneth [Arneth, 1999] entwickelt. Diese Modelle starten mit Schätzwerten, wie der Länge der Aufheizzone oder den Wärmeübergangskoeffizienten. Der Wärmeübergang und die Fluiddynamik des Verdampfers werden segmentweise berechnet, bis eine ausreichende Konvergenz zwischen Schätzwerten und berechneten Werten erreicht ist. Aufgrund des relativ großen Aufwands zur Erstellung entsprechender Modelle werden in der Regel kommerziell verfügbare Programme zur Berechnung der Naturumlaufverdampfung verwendet, beispielsweise Aspen Shell & Tube Exchanger von Aspen Tech [Aspen 2013], CC-THERM von Chemstations [Chemstations 2009], oder Xchanger Suite von Heat Transfer Research [Heat Transfer Research, 2013]. In diese Programme fließen neben den Berechnungskorrelationen experimentelle Daten ein. Trotz des relativ großen Aufwands ist bei der Vorausberechnung eines Naturumlaufverdampfers mit Abweichungen von etwa 20-25 % von den Messwerten zu rechnen [Groschang, 1999].

Im Folgenden werden die einzelnen Mechanismen des Wärmeübergangs und Druckverlustes dargestellt und Berechnungskorrelationen für das glatte Edelstahlrohr vorgestellt.

2.1 Wärmeübertragung im Naturumlaufverdampfer

In Naturumlaufverdampfern treten axial im Verdampferrohr unterschiedliche Mechanismen des Wärmeübergangs auf, siehe Abb. 2.1. In Abhängigkeit von den Strömungsbedingungen und der rohrseitigen Wandtemperatur erfolgt zunächst konvektiver Wärmeübergang. Mit steigender Fluidtemperatur sinkt dabei die treibende Temperaturdifferenz zwischen Rohrwand und der Kernströmung, wodurch der lokale übertragene Wärmestrom in axialer Richtung des Verdampferrohrs zunächst abnimmt. Bei einer Beheizung mit kondensierendem Wasserdampf und für Naturumlaufverdampfer typischen Strömungsgeschwindigkeiten von $w_{VR,ein} \leq 0{,}6\ \mathrm{m\ s^{-1}}$ liegt der Hauptanteil des Wärmedurchgangswiderstands in diesem Teil des Verdampfers auf der Produktseite. Tritt kein unterkühltes Sieden auf, liegt die geringste lokale Wärmestromdichte unmittelbar vor Erreichen des Siedezustandes in der Kernströmung vor. Mit sinkendem Druck und der Erwärmung der Strömung wird im Verdampferrohr schließlich der Siedezustand erreicht.

In der Verdampfungszone erhöht sich der rohrseitige Wärmeübergangskoeffizient gegenüber dem konvektiven Wärmeübergang deutlich. Die übertragenen Wärmeströme steigen in axialer Richtung stark an und der Anteil des produktseitigen Wärmeübergangswiderstands am Wärmedurchgangswiderstand verringert sich. Ebenso liegt auf der Heizseite ein dünnerer Kondensatfilm vor, wodurch der Wärmedurchgangskoeffizient am Austritt des Verdampferrohrs den höchsten Wert erreicht, solange rohrseitig der kritische Siedezustand nicht erreicht wird. Aufgrund dieses Verhaltens verändern sich in axialer Richtung vom Eintritt des Verdampferrohrs bis zum Austritt auf der Heiz- und Produktseite die lokalen Wandtemperaturen und Wärmeübergangskoeffizienten, und es ergeben sich lokal stark unterschiedliche Wärmestromdichten. Im Folgenden werden die Grundlagen zur Berechnung des Wärmeübergangs auf der Heiz- und Produktseite für ein senkrechtes Glattrohr vorgestellt.

2.1.1 Wärmeübertragung vom Heizdampf an die Rohrwand

In der Prozessindustrie erfolgt die Beheizung von Verdampfern in der Regel durch kondensierenden Wasserdampf. Die Vorteile liegen in einer gleichmäßigen Beheizung entlang der Verdampferrohre, einem hohen Energiegehalt, einer guten Regelbarkeit und großen Wärmeübergangskoeffizienten. Die Mechanismen des Wärmeübergangs bei der Kondensation von Wasserdampf wurden maßgeblich von Nusselt [Nusselt, 1916] untersucht. Alle im Folgenden dargestellten Berechnungskorrelationen sind [Müller, 2006] entnommen.

Die Wärmeübertragung vom Heizdampf auf das produktseitige Fluid ist für den Rohrabschnitt eines Naturumlaufverdampfers in Abb. 2.2 dargestellt.

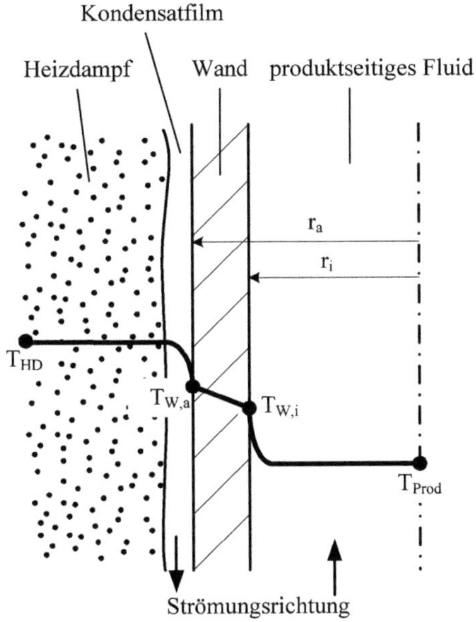

Abb. 2.2: Wärmeübertragung vom Heizdampf auf das produktseitige Fluid

Tritt Heizdampf in Kontakt mit einer Oberfläche, deren Temperatur unterhalb der Sättigungstemperatur des Dampfes liegt, so kondensiert dieser. Für nahezu alle technisch relevanten Oberflächen, wie auch bei den verwendeten Verdampferrohren, bildet sich ein Kondensatfilm. Dieser läuft am senkrechten Verdampferrohr ab, siehe Abb. 2.2. Bezogen auf den Umfang des Verdampferrohrs ergibt sich aus dem Kondensatmassenstrom M_{Kond} eine Kenngröße des Kondensatfilms, die Berieselungsdichte:

$$\dot{\Gamma} = \frac{\dot{M}_{Kond}}{\pi \cdot d_a}. \qquad (2.2)$$

Die Reynolds-Zahl des Kondensatfilms Re_F berechnet sich zu

$$\mathrm{Re}_F = \frac{\dot{\Gamma}}{\eta}. \tag{2.3}$$

Der Wärmeübergang an die Wand des Verdampferrohrs lässt sich in mehrere Schritte aufteilen. Zunächst erfolgt die Kondensation des Dampfes an der Phasengrenze des Kondensatfilms. In einem laminaren Film wird der Wärmestrom mittels Wärmeleitung an die Rohrwand übertragen. Liegt dagegen ein turbulenter Kondensatfilm vor, erfolgt neben der Wärmeleitung ein konvektiver Wärmetransport. Hierdurch ist der Wärmeübergang sowohl vom Kondensatmassenstrom als auch von der Wärmeleitfähigkeit des Films abhängig. Mit zunehmender Filmdicke vergrößert sich zunächst der Wärmewiderstand für den laminaren Wärmetransport. Gleichzeitig verringert sich der Wärmewiderstand im Film durch konvektiven Wärmetransport aufgrund von Quervermischungen und erhöhter Turbulenz mit zunehmender Reynolds-Zahl. Um dies zu berücksichtigen, werden laminare und turbulente Anteile der Wärmeübertragung überlagert. Der laminare Anteil der Nusselt-Zahl berechnet sich in Abhängigkeit von der Reynolds-Zahl des Kondensatfilms sowie der Dampf- und Flüssigkeitsdichte des Films zu

$$\mathrm{Nu}_{F,l} = 0{,}925 \cdot \left(\frac{1 - \rho_{vap} / \rho_{liq}}{\mathrm{Re}_{F,l}} \right)^{1/3}, \tag{2.4}$$

der turbulente zu

$$\mathrm{Nu}_{F,t} = \frac{0{,}02 \cdot \mathrm{Re}_F^{7/24} \cdot \mathrm{Pr}_F^{1/3}}{1 + 20{,}52 \cdot \mathrm{Re}_F^{-3/8} \cdot \mathrm{Pr}_F^{-1/6}}. \tag{2.5}$$

Zur Berechnung der Nusselt-Zahlen ist die Gleichgewichtstemperatur des Dampfes für die Stoffdaten zu verwenden. Dies gilt auch für die Prandtl-Zahl des Kondensatfilms:

$$\mathrm{Pr}_F = \frac{c_p \cdot \eta}{\lambda}. \tag{2.6}$$

Aus der Überlagerung von laminarer und turbulenter Nusselt-Zahl ergibt sich schließlich die Nusselt-Zahl des Films

$$\mathrm{Nu}_F = \sqrt[1,2]{\left(f_{well} \cdot \mathrm{Nu}_{F,l}\right)^{1,2} + \mathrm{Nu}_{F,t}^{1,2}} \cdot f_\eta. \tag{2.7}$$

Der Korrekturfaktor für die Welligkeit des Films f_{well} berücksichtigt die Verbesserung des Wärmeübergangs durch Wellen im Film, die den Wärmeübergang des laminaren Rieselfilms bereits bei Reynolds-Zahlen von $\mathrm{Re}_F \geq 1$ beeinflussen. Für den Korrekturfaktor gilt

$$\begin{aligned} f_{well} &= 1, \quad && \mathrm{Re}_F < 1 \\ f_{well} &= \mathrm{Re}_F^{0,04}, && \mathrm{Re}_F \geq 1 \end{aligned}. \tag{2.8}$$

Da die Temperatur des Rieselfilms an der Verdampferrohrwand geringer ist als an der Phasengrenze zum Dampf, ändern sich die Stoffwerte in Wärmestromrichtung. Dies wird für die Viskosität durch den Term

$$f_\eta = \left(\frac{\eta_F}{\eta_{F,W}} \right)^{1/4} \tag{2.9}$$

berücksichtigt. Der heizseitige Wärmeübergangskoeffizient des Films ergibt sich aus der Nusselt-Zahl zu

$$\alpha_F = \frac{Nu_F \cdot \lambda}{L_{char}} \tag{2.10}$$

mit der charakteristischen Länge L_{char} des Rieselfilms

$$L_{char} = \sqrt[3]{\frac{\nu_F^2}{g}} \; . \tag{2.11}$$

Die heizseitige Temperatur des Verdampferrohrs ist aus der übertragenen Wärmestromdichte und der Gleichgewichtstemperatur der Dampfphase berechenbar.

$$T_{W,a} = T_{vap} - \frac{\dot{q}}{\alpha_F} \tag{2.12}$$

Durch Wärmeleitung wird der Wärmestrom durch die Wand des Verdampferrohrs geleitet. Die innere Rohrwandtemperatur ergibt sich aus

$$T_{W,i} = T_{W,a} - \frac{\dot{Q} \cdot \frac{1}{\lambda_{VR}} \cdot \ln\left(\frac{d_a}{d_i} \right)}{2 \cdot \pi \cdot L_{VR}} \; . \tag{2.13}$$

Im Folgenden wird der einphasige Wärmeübergang von der heißen Rohrwand an das strömende Fluid beschrieben.

2.1.2 Wärmeübertragung von der Rohrwand an das einphasige Fluid

Die Wärmeübertragung von einer glatten, heißen Rohrwand an eine strömende Flüssigkeit wurde in der Vergangenheit ausführlich untersucht. Durch dimensionslose Kennzahlen lassen sich einphasige Wärmeübergangskoeffizienten mit guter Genauigkeit berechnen. Die im Folgenden dargestellten Gleichungen zur Berechnung des konvektiven Wärmeübergangs sind [Gnielinski, 2006] entnommen. Dabei wird davon ausgegangen, dass für das jeweilige Segment des Verdampferrohrs eine konstante Wandtemperatur vorliegt.

Die einphasige Wärmeübertragung lässt sich für Rohrströmungen durch die Reynolds-Zahl mit dem inneren Durchmesser als charakteristischer Länge beschreiben.

$$Re = \frac{w \cdot d_i \cdot \rho}{\eta} \tag{2.14}$$

Bei einer hydrodynamisch ausgebildeten Laminarströmung ($Re \leq 2.300$) berechnet sich die Nusselt-Zahl eines Rohrsegmentes für den gesamten Bereich $0 < Re \cdot Pr \cdot d_i/L < \infty$ zu

$$Nu_m = \left[Nu_{m,1}^3 + 0{,}7^3 + \left(Nu_{m,2} - 0{,}7\right)^3\right]^{1/3} \tag{2.15}$$

mit

$$Nu_{m,1} = 3{,}66 \tag{2.16}$$

und

$$Nu_{m,2} = 1{,}615 \cdot \left(Re \cdot Pr \cdot \frac{d_i}{L}\right)^{1/3}. \tag{2.17}$$

Zur Berechnung der Stoffdaten ist die mittlere Fluidtemperatur im Segment zu verwenden. Da die Flüssigkeit an der Rohrwand aufgrund der mantelseitigen Beheizung wärmer als die mittlere Fluidtemperatur ist, wird eine Wandkorrektur der Stoffdaten eingeführt.

$$Nu = Nu_m \cdot \left(\frac{Pr}{Pr_{W,i}}\right)^{0{,}11} \tag{2.18}$$

Der rohrseitige Wärmeübergangskoeffizient des Segmentes berechnet sich aus der Nusselt-Zahl mit dem Innendurchmesser als charakteristische Länge zu

$$\alpha = \frac{Nu \cdot \lambda}{d_i}. \tag{2.19}$$

Im Übergangsbereich ($2.300 < Re < 10.000$) treten sowohl laminare als auch turbulente Strömungsformen auf. Die laminaren Anteile der Nusselt-Zahl eines Rohrsegmentes mit konstanter Wandtemperatur errechnen sich aus

$$Nu_{m,1,2} = 1{,}615 \cdot \left(2300 \cdot Pr \cdot d_i / L\right)^{1/3}, \tag{2.20}$$

$$Nu_{m,1,3} = \left(\frac{2}{1 + 22 \cdot Pr}\right)^{1/6} \cdot \left(2300 \cdot Pr \cdot d_i / L\right)^{1/2}, \tag{2.21}$$

$$Nu_{m,1} = \left[49{,}371 + \left(Nu_{1,2} - 0{,}7\right)^3 + Nu_{1,3}^3\right]^{1/3}. \tag{2.22}$$

Für den turbulenten Anteil der Nusselt-Zahl gilt

$$Nu_{m,t} = \frac{(0{,}0308/8)\cdot 10^4 \cdot Pr}{1+12{,}7\cdot\sqrt{0{,}0308/8}\cdot\left(Pr^{2/3}-1\right)}\cdot\left[1+\left(\frac{d_i}{L}\right)^{2/3}\right]. \qquad (2.23)$$

Die mittlere Nusselt-Zahl des Segmentes ergibt sich schließlich aus einer Überlagerung der laminaren und turbulenten Anteile.

$$Nu_m = (1-\gamma)\cdot Nu_{m,l} + \gamma\cdot Nu_{m,t} \qquad (2.24)$$

Der Intermetenzfaktor γ beschreibt dabei den zeitlichen Wechsel zwischen laminaren und turbulenten Strömungsanteilen.

$$\gamma = \frac{Re - 2300}{10^4 - 2300} \qquad (2.25)$$

Analog zur laminaren Strömung ist der Einfluss der Wandtemperatur auf den Wärmeübergang nach Gl. (2.18) zu berücksichtigen. Der Wärmeübergangskoeffizient ergibt sich schließlich aus Gl. (2.19).

Für Reynolds-Zahlen $10^4 \leq Re \leq 10^6$ gilt im voll turbulenten Bereich die Gleichung nach Petukhov [Petukhov 1958], die von Gnielinski [Gnielinski 1995] erweitert wurde.

$$Nu_m = \frac{(\xi/8)\cdot Re\cdot Pr}{1+12{,}7\cdot\sqrt{\xi/8}\cdot\left(Pr^{2/3}-1\right)}\cdot\left[1+\left(\frac{d_i}{L}\right)^{2/3}\right] \qquad (2.26)$$

Der Widerstandskoeffizient der Strömung wird dabei angegeben mit

$$\xi = (1{,}8\cdot\log(Re) - 1{,}5)^{-2}. \qquad (2.27)$$

Auch bei Verwendung der Gl. (2.26) ist die Temperaturkorrektur nach Gl. (2.18) zu berücksichtigen. Für das Segment ergibt sich der übertragene Wärmestrom zu

$$\dot{Q}_{Seg} = \alpha_i \cdot A_i \cdot \Delta T_{log,i}, \qquad (2.28)$$

mit der mittleren logarithmischen Temperaturdifferenz

$$\Delta T_{log,i} = \frac{\left(T_{W,i} - T_{ein}\right) - \left(T_{W,i} - T_{aus}\right)}{\log\left[\left(T_{W,i} - T_{ein}\right)/\left(T_{W,i} - T_{aus}\right)\right]}. \qquad (2.29)$$

Hierbei wird die Annahme getroffen, dass die Innenwandtemperatur des Segments konstant ist. Die Temperatur der aus dem Segment austretenden Strömung kann schließlich berechnet werden zu

$$T_{aus} = \frac{\dot{Q}_{Seg}}{w \cdot \frac{\pi}{4} \cdot d_i^2 \cdot \rho \cdot c_p} + T_{ein} . \tag{2.30}$$

Da die Austrittstemperatur zu Beginn der Rechnung nicht bekannt ist, für die Berechnungsgleichungen jedoch Stoffdaten basierend auf einer mittleren Segmenttemperatur verwendet werden, ist eine iterative Lösung erforderlich.

Mit steigender Fluidtemperatur und abnehmendem Druck im Verdampferrohr wird der Siedezustand erreicht. Hierbei wird die Wärme von der Rohrwand an das siedende Flüssigkeits-Dampfgemisch übertragen, was im Kapitel 2.1.3 dargestellt ist.

2.1.3 Wärmeübertragung an das zweiphasige Fluid

Im Folgenden wird der Wärmeübergang von einer senkrechten, heißen Rohrwand an ein zweiphasiges gesättigtes Fluid beschrieben. Die verwendeten Korrelationen sind [Steiner, 2006] entnommen.

Grundsätzlich können zwei Wärmeübergangsmechanismen bei der Wärmeübertragung an ein gesättigtes, zweiphasiges Fluid unterschieden werden. Bei geringer Temperaturdifferenz zwischen Wand und Siedetemperatur bzw. geringer Wärmestromdichte ist die Überhitzung des Fluids an der Rohrwand nicht ausreichend zur Bildung von Dampfblasen. Die Wärme wird in diesem Fall konvektiv an die Strömung übertragen und die Verdampfung findet an der Phasengrenze zwischen Flüssigkeit und Dampf statt- es herrscht konvektives Sieden vor. Mit steigender Wärmestromdichte erreicht die Flüssigkeit an der Rohrwand eine ausreichende Überhitzung zur Bildung von Dampfblasen. Der Wärmeübergangskoeffizient beim Blasensieden ist abhängig von der Wärmestromdichte. Mit zunehmender Wärmestromdichte wächst die Zahl der aktiven Blasenkeimstellen und der Wärmeübergangskoeffizient nimmt zu. Die erforderliche Wärmestromdichte für die Entstehung von Dampfblasen kann abgeschätzt werden mit

$$\dot{q}_{onb} = \frac{2 \cdot \sigma \cdot T_{vl} \cdot \alpha_{liq}}{r_{kr} \cdot \rho_{vap} \cdot \Delta h_{vl}} \tag{2.31}$$

und

$$r_{kr} = 0{,}3 \cdot 10^{-6} \mathrm{m} \tag{2.32}$$

als kritischem Keimradius. Dieser Wert wird in [Steiner, 2006] zur Abschätzung der erforderlichen Wärmestromdichte für die Bildung von Dampfblasen in Rohren mit arithmetischen Mittenrauwerten von 0,05 µm $\leq R_a \leq$ 5 µm empfohlen. Ist die Wärmestromdichte eines Verdampferrohrsegmentes geringer als die zur Blasenbildung erforderliche, liegt konvektives Sieden vor. Der Wärmeübergangskoeffizient des Segmentes berechnet sich aus einer Überlagerung zwischen konvektivem Wärmeübergang für die Dampf- und die Flüssigphase.

$$\alpha_{\text{konvS}} = \left\{ (1-\dot{x})^{0,01} \cdot \left[(1-\dot{x})^{1,5} + 1{,}9 \cdot \dot{x}^{0,6} \cdot \left(\frac{\rho_{\text{liq}}}{\rho_{\text{vap}}} \right)^{0,35} \right]^{-2,2} + \dot{x}^{0,01} \cdot \left[\frac{\alpha_{\text{vap}}}{\alpha_{\text{liq}}} \left(1 + 8 \cdot (1-\dot{x})^{0,7} \cdot \left(\frac{\rho_{\text{liq}}}{\rho_{\text{vap}}} \right)^{0,67} \right) \right]^{-2} \right\}^{0,5} \cdot \alpha_{\text{liq}} \tag{2.33}$$

Die einphasigen Wärmeübergangskoeffizienten sind nach Kapitel 2.1.2 zu berechnen. Der Massenstromdampfanteil ist eine charakteristische Größe der Zweiphasenströmung und ergibt sich aus dem Quotienten des Dampfstroms bezogen auf den gesamten Massenstrom, der den Querschnitt des Rohrsegmentes durchströmt.

$$\dot{x} = \frac{\dot{M}_{\text{vap}}}{\dot{M}_{\text{liq}} + \dot{M}_{\text{vap}}} \tag{2.34}$$

Ist die Wärmestromdichte des Segmentes groß genug zur Aktivierung erster Keimstellen für Dampfblasen, wird die Wärme durch Blasensieden an das zweiphasige Fluid übertragen. Die Strömung im Verdampferrohr beeinflusst dabei vor allem die Ablösung der Blasen und damit den Wärmeübergang. Ein allgemeingültiges Modell zur Berechnung des Blasensiedens bei strömenden, zweiphasigen Fluiden ist bislang nicht vorhanden. Daher wird der Wärmeübergang beim Behältersieden als Grundlage für ein Modell des Strömungssiedens verwendet, in welchem mehrere Einflussfaktoren berücksichtigt werden. Hiernach berechnet sich der Wärmeübergangskoeffizient beim Blasensieden zu

$$\alpha_{\text{BS}} = C_F \cdot \left(\frac{\dot{q}}{\dot{q}_0} \right)^n \cdot F(p/p_{\text{krit}}) \cdot F(d) \cdot F(W) \cdot \alpha_0 . \tag{2.35}$$

Hierbei entspricht α_0 dem Wärmeübergangskoeffizienten für das Behältersieden. Der Einfluss des zu verdampfenden Mediums wird in C_F, der Einfluss der Wärmestromdichte durch $(\dot{q}/\dot{q}_0)^n$ berücksichtigt. Weiterhin weist der Wärmeübergangskoeffizient einen Einfluss des Drucks auf.

$$F(p/p_{\text{krit}}) = 2{,}816 \cdot \left(\frac{p}{p_{\text{krit}}} \right)^{0,45} + \left(3{,}4 + \frac{1{,}7}{1 - \left(\frac{p}{p_{\text{krit}}} \right)^7} \right) \cdot \left(\frac{p}{p_{\text{krit}}} \right)^{3,7} \tag{2.36}$$

Mit steigendem Rohrdurchmesser ist eine Abnahme des Wärmeübergangskoeffizienten festzustellen. Diese Abhängigkeit lässt sich mit

$$F(d) = \left(\frac{10^{-2}\ m}{d_i} \right)^{0,4} \tag{2.37}$$

beschreiben. Der Einfluss der Wandrauigkeit ergibt sich zu

$$F(W) = \left(\frac{R_a}{10^{-6}\ m} \right)^{0,133} . \tag{2.38}$$

Neben der Rauigkeit kann auch das Wandmaterial den Wärmeübergang beeinflussen. Der Wärmeübergangskoeffizient des Blasensiedens hängt hierbei von der Wärmeleitfähigkeit, der Dichte und der Wärmekapazität des Wandmaterials ab. In dieser Arbeit wird jedoch nur der Einfluss der Wärmeleitfähigkeit auf die Innenwandtemperatur des Verdampferrohrs nach Gl. (2.13) berücksichtigt.

Aus einer Überlagerung des konvektiven Siedens mit dem Blasensieden errechnet sich schließlich der zweiphasige Wärmeübergang für das Strömungssieden.

$$\alpha = \sqrt[3]{\alpha_{konvS}^3 + \alpha_{BS}^3} \tag{2.39}$$

Der Anteil des Blasensiedens ist dabei nur zu berücksichtigen, wenn die erforderliche Wärmestromdichte zur Bildung von Dampfblasen erreicht ist.

2.2 Fluiddynamik im Naturumlaufverdampfer

Dem durch die Verdampfung angetriebenen Selbstumlauf des Verdampfers wirken Druckverluste entgegen, die im Zulauf zum Verdampfer, im Verdampferrohr sowie im Brüdenrohr bis in den Brüdenabscheider auftreten. Diese werden für den Naturumlaufverdampfer im Folgenden dargestellt.

2.2.1 Fluiddynamik der einphasigen Strömung

Bereits in der Zulaufleitung des Verdampfers treten Druckverluste aufgrund des Selbstumlaufs auf. Die im Folgenden dargestellten Gleichungen sind [Kast, 2006] entnommen.

Der einphasige Druckverlust bei der Durchströmung eines Rohrs berechnet sich mit Hilfe des Widerstandskoeffizienten zu

$$\Delta p = \zeta \cdot \frac{L}{d_i} \cdot \frac{\rho}{2} \cdot w^2 . \tag{2.40}$$

Im Bereich laminarer Strömungen gilt für technisch glatte Rohre das Hagen-Poiseuillesche Gesetz, woraus sich ein Widerstandsbeiwert von

$$\zeta = \frac{64}{Re} \tag{2.41}$$

ergibt.

Für turbulente Strömungen kann folgende implizite Gleichung nach Prandtl [Kast, 2006] zur Berechnung des Widerstandsbeiwertes verwendet werden:

$$\frac{1}{\sqrt{\zeta}} = -2 \cdot \lg\left(\frac{2{,}51}{Re \cdot \sqrt{\zeta}} + \frac{K / d_i}{3{,}71}\right). \tag{2.42}$$

Hierbei stellt K die absolute Rauheit der Oberfläche dar und ist als mittlere Höhe aller Erhebungen definiert. Neben Reibungsdruckverlusten in der Rohrleitung sind Druckverluste an Abzweigen, Umlenkungen, Querschnittsänderungen, Absperrhähnen und Armaturen zu berücksichtigen. Für diese sind einzelne Widerstandsbeiwerte zu ermitteln und zu summieren. Der auftretende Druckverlust der einzelnen Anlagenteile berechnet sich zu

$$\Delta p_{Ar} = \xi_{Ar} \cdot \frac{\rho}{2} \cdot w^2 . \tag{2.43}$$

2.2.2 Fluiddynamik der zweiphasigen Strömung

Fluiddynamik im Verdampferrohr

Zur Berechnung des zweiphasigen Druckverlustes im Verdampferrohr werden Korrelationen aus [Schmidt, 2006; Muschelknautz, 2006; Chawla, 2006] verwendet. Bei der Verdampfung im senkrechten Rohr treten neben dem geodätischen Druckabfall zusätzlich ein Reibungsdruckverlust sowie ein Beschleunigungsdruckabfall auf.

$$\Delta p_{2Ph} = \Delta p_{geod} + \Delta p_{Reib} + \Delta p_{Beschl} . \tag{2.44}$$

Der Druckverlust der einzelnen Anteile ist dabei abhängig von den jeweiligen Drücken am Ein- und Austritt sowie der durch die Wärmezufuhr entstehenden Dampfmenge. Daher ist zur Berechnung ein iteratives Vorgehen mit geschätztem Druck und Massenstromdampfgehalt am Austritt des zu berechnenden Segmentes erforderlich. Die Berechnung der einzelnen Druckverlustanteile erfolgt so lange, bis geschätzter und berechneter Druck am Ende des Segmentes übereinstimmen.

Zur Berechnung des Reibungsdruckverlustes zweiphasiger Strömungen sind unterschiedliche Modelle etabliert. In dieser Arbeit wird für das Glattrohr ein heterogenes Strömungsmodell verwendet, bei dem die Dampfphase und die flüssige Phase jeweils mit unterschiedlichen Geschwindigkeiten das Verdampferrohr durchströmen. Der Quotient dieser Geschwindigkeiten wird als Schlupf bezeichnet:

$$s = \frac{w_{vap}}{w_{liq}}. \tag{2.45}$$

Zur korrekten Vorausberechnung des Druckverlustes ist insbesondere eine geeignete Korrelation zur Beschreibung des Dampfgehaltes erforderlich. Ein Überblick über eine Vielzahl entsprechender Korrelationen und den Vergleich mit Messwerten ist in einer Veröffentlichung von Ghajar und Tang [Ghajar, 2012] zu finden. Zur Berechnung des zweiphasigen Druckverlustes wurde in dieser Arbeit für das Glattrohr u. a. das Modell von Rouhani [Rouhani, 1969] zur Beschreibung des Dampfanteils getestet. Hierbei wurden jedoch zu große Druckverluste berechnet, so dass eine iterative Vorausberechnung der Rohreinlaufgeschwindigkeit zu geringe Werte ergab. Die beste Übereinstimmung mit experimentell ermittelten zweiphasigen Druckverlusten konnte mit einer Schlupfbeziehung nach Ahmad [Ahmad, 1970] und einem Reibungsdruckverlustmodell von Chisholm [Chisholm, 1973] erzielt werden. Diese werden in dieser Arbeit zur Berechnung des zweiphasigen Reibungsdruckverlustes im Glattrohr verwendet und sind im Folgenden dargestellt. Nach Ahmad [Ahmad, 1970] berechnet sich der Schlupf zwischen dampfförmiger und flüssiger Phase zu

$$s = \left(\frac{\rho_{liq}}{\rho_{vap}}\right)^{0,205} \cdot \left(\frac{\dot{m} \cdot d_i}{\eta_{liq}}\right)^{-0,016}. \tag{2.46}$$

Das Druckverlustmodell von Chisholm [Chisholm, 1973] verwendet das gleiche Prinzip wie das Modell nach Lockhart und Martinelli [Lockhart, 1949]. Hierbei sind die einphasigen Druckverluste der Dampfströmung bzw. der Flüssigkeitsströmung im Segment so zu berechnen, als ob die Strömung vollständig in dieser Phase vorliegen würde. Zur Berechnung des einphasigen Druckverlustes sei auf Kapitel 2.2.1 verwiesen. Mit Hilfe der einphasigen Druckverluste ist ein Zweiphasendruckverlustkoeffizient zu berechnen.

$$\Phi = \sqrt{\Delta p_{vap} / \Delta p_{liq}} \tag{2.47}$$

Aus diesem lässt sich der zweiphasige Reibungsdruckverlust errechnen zu

$$\Delta p_{Reib} = \Delta p_{liq} \cdot \left[1 + \left(\Phi^2 - 1\right) \cdot \left(b \cdot \dot{x}^{\frac{2-0,25}{2}} \cdot \left(1 - \dot{x}\right)^{\frac{2-0,25}{2}} + \dot{x}^{(2-0,25)}\right)\right], \tag{2.48}$$

mit

$$b = \frac{c \cdot \Phi - 2^{(2-0,25)} + 2}{\Phi^2 - 1}, \tag{2.49}$$

$$c = \frac{1}{s} \cdot \left(\frac{\rho_{liq}}{\rho_{vap}} \right)^{0,5} + s \cdot \left(\frac{\rho_{vap}}{\rho_{liq}} \right)^{0,5}. \tag{2.50}$$

Zur Beschreibung des geodätischen Druckabfalls eines Rohrsegmentes sind die mittlere Dichte der das Segment durchströmenden Phasen und damit der volumetrische Dampfgehalt erforderlich. Bei Verwendung des heterogenen Strömungsmodells lässt sich der volumetrische Dampfgehalt wie folgt beschreiben:

$$\varepsilon = \frac{1}{1 + \frac{(1-\dot{x}) \cdot s}{\dot{x}} \cdot \frac{\rho_{vap}}{\rho_{liq}}}. \tag{2.51}$$

Die mittlere Dichte im Segment ergibt sich hieraus zu

$$\overline{\rho}_{Seg} = \varepsilon \cdot \rho_{vap} + (1-\varepsilon) \cdot \rho_{liq}, \tag{2.52}$$

der geodätische Druckabfall schließlich zu

$$\Delta p_{geod} = \overline{\rho}_{Seg} \cdot g \cdot h_{Seg}. \tag{2.53}$$

In axialer Richtung entlang des Verdampferrohrs erfolgt durch den Reibungsdruckverlust und den geodätischen Druckabfall eine Verringerung des Drucks und aufgrund des thermodynamischen Gleichgewichts zwischen den Phasen eine Temperaturabnahme. In der Flüssigphase kommt es dabei zu einer Flashverdampfung, bei der Fluidmoleküle von der flüssigen Phase in die schneller strömende dampfförmige übergehen. Dies führt zu einem Beschleunigungsdruckverlust, der zunächst nur unter Berücksichtigung der anderen Druckabfallbeiträge berechnet wird. So wird der Druck am Austritt des Segmentes zunächst ohne den Anteil des Beschleunigungsdruckverlustes ermittelt.

$$p_{aus,oB} = p_{ein} - \Delta p_{geod} - \Delta p_{Reib} \tag{2.54}$$

Der im Segment entstehende Dampfmassenstrom setzt sich anteilig aus der durch Wärmeeintrag verdampften Flüssigkeitsmenge

$$\dot{M}_{vap,Verd} = \dot{Q}_{Seg} / \Delta h_{vl} \tag{2.55}$$

und dem Dampfmassenstrom aus der Flashverdampfung zusammen.

$$\dot{M}_{vap,Flash} = \frac{c_p \cdot \dot{M}_{liq,ein} \cdot (T_{ein} - T_{aus})}{\Delta h_{vl}} \tag{2.56}$$

Zur Berechnung der Stoffdaten ist dabei die mittlere Segmenttemperatur zu verwenden. Aus den Gleichungen (2.46), (2.51) ergeben sich der Schlupf und der volumetrische Dampfgehalt des Segmentes und schließlich die Austrittsgeschwindigkeit der Dampfphase zu

$$w_{vap,aus} = \frac{\dot{M} \cdot \dot{x}_{aus}}{\rho_{vap,aus} \cdot \frac{1}{4} \cdot \pi \cdot d_i^2 \cdot \varepsilon_{aus}}. \tag{2.57}$$

Die Austrittsgeschwindigkeit der flüssigen Phase berechnet sich analog zu

$$w_{liq,aus} = \frac{\dot{M} \cdot (1 - \dot{x}_{aus})}{\rho_{liq,aus} \cdot \frac{1}{4} \cdot \pi \cdot d_i^2 \cdot (1 - \varepsilon_{aus})}. \tag{2.58}$$

Schließlich ergibt sich der Beschleunigungsdruckverlust aus

$$\Delta p_{Beschl} = \frac{\dot{M}_{vap,aus} \cdot w_{vap,aus} + \dot{M}_{liq,aus} \cdot w_{liq,aus} - \dot{M}_{vap,ein} \cdot w_{vap,ein} - \dot{M}_{liq,ein} \cdot w_{liq,ein}}{\frac{1}{4} \cdot \pi \cdot d_i^2}. \tag{2.59}$$

Der Druck am Austritt des Segmentes ist aus der Differenz zwischen Eintrittsdruck und den Druckverlusten nach Gl. (2.44) zu bestimmen.

$$p_{aus} = p_{ein} - \Delta p_{2Ph} \tag{2.60}$$

Entspricht der geschätzte Druck am Austritt dem nach Gl. (2.60), endet die Iteration. Ist keine ausreichende Übereinstimmung erzielt, wird ein neuer Druck am Austritt des Segmentes geschätzt und die Berechnung wiederholt.

Fluiddynamik im Brüdenrohr

Zwischen Verdampferrohr und Brüdenabscheider durchströmt das zweiphasige Fluid das Brüdenrohr, in dem aufgrund von Höhenunterschieden, Umlenkungen und Querschnittsänderungen Druckverluste und damit Flashverdampfung auftreten, siehe Abb. A.2.1. Aufgrund der Flashverdampfung verändern sich die Massenströme der Dampf- und Flüssigphase lokal im Brüdenrohr. Wie im Verdampferrohr ist eine iterative Berechnung des Druckverlustes erforderlich.

Steigleitung

Zur Bestimmung der zweiphasigen Druckverluste in der Steigleitung des Brüdenrohrs werden Korrelationen aus dem VDI-Wärmeatlas [VDI, 2006] und aus Arbeiten von Friedel [Friedel 1978] sowie Diener und Friedel [Diener, 1998] verwendet. Die Beschreibung des volumetrischen Dampfanteils erfolgt nach einer Korrelationen von Rouhani, die in Diener und

Friedel [Diener, 1998] empfohlen wird. Hiernach berechnet sich der volumetrische Dampfanteil zu

$$\varepsilon = \frac{\dot{x} / \rho_{vap}}{C_0 \cdot \left(\frac{\dot{x}}{\rho_{vap}} + \frac{1-\dot{x}}{\rho_{liq}} \right) + \frac{w_{wap}}{\dot{m}}}, \quad (2.61)$$

mit

$$w_{vap} = \frac{1{,}18}{\sqrt{\rho_{vap}}} \cdot \left(g \cdot \sigma \cdot \left(\rho_{liq} - \rho_{vap} \right) \right)^{0,25} \cdot (1-\dot{x}) \text{ und} \quad (2.62)$$

$$C_0 = 1 + 0{,}2 \cdot (1-\dot{x}). \quad (2.63)$$

Da der Reibungsdruckverlust im Folgenden durch ein heterogenes Modell berechnet wird, können die Gleichungen (2.52, 2.53) zur Ermittlung der mittleren Fluiddichte sowie des geodätischen Druckabfalls verwendet werden. Der Reibungsdruckverlust errechnet sich nach dem Modell von Friedel aus den einphasigen Druckverlusten der flüssigen und dampfförmigen Phase. Zur Berechnung der einphasigen Druckverluste wird angenommen, dass die gesamte Strömung in dem jeweiligen Phasenzustand vorliegt. Nach Empfehlung des VDI-Wärmeatlasses ist die Gleichung von Techo [Techo, 1965] zur Ermittlung des einphasigen Druckverlustes zu verwenden. Hierbei liegt der Umschlag zwischen laminarer Strömung und turbulenter Strömung bei Re = 1055. Im Bereich laminarer Strömung errechnet sich der einphasige Widerstandsbeiwert nach Gl. (2.41), für turbulente Strömungen gilt

$$\zeta = \left[0{,}86859 \cdot \log\left(\frac{Re}{1{,}964 \cdot \log(Re) - 3{,}825} \right) \right]^{-2}. \quad (2.64)$$

Der Druckverlust der einphasigen Flüssigkeitsströmung ergibt sich aus Gl. (2.40). Zur Berechnung des zweiphasigen Reibungsdruckverlustes werden die Froude- und die Weber-Zahl der Flüssigkeitsströmung benötigt.

$$Fr = \frac{16 \cdot \dot{M}}{g \cdot \rho_{liq}^2 \cdot \pi^2 \cdot d_i^5} \quad (2.65)$$

$$We = \frac{16 \cdot \dot{M}^2}{\sigma \cdot \rho_{liq} \cdot \pi^2 \cdot d_i^5} \quad (2.66)$$

Der zweiphasige Reibungsdruckverlust errechnet sich aus

$$\Delta p_{Reib} = \Delta p_{liq} \cdot b, \quad (2.67)$$

mit

$$b = a + 3{,}43 \cdot \dot{x}^{0,685} \cdot (1-\dot{x})^{0,24} \cdot \left(\frac{\rho_{liq}}{\rho_{vap}}\right)^{0,8} \cdot \left(\frac{\eta_{vap}}{\eta_{liq}}\right)^{0,22} \cdot \left(1 - \frac{\eta_{vap}}{\eta_{liq}}\right)^{0,89} \cdot Fr^{-0,047} \cdot We^{-0,0334}, \tag{2.68}$$

$$a = (1-\dot{x})^2 + \dot{x}^2 \cdot \frac{\zeta_{vap} \cdot \rho_{liq}}{\zeta_{liq} \cdot \rho_{vap}}. \tag{2.69}$$

Bei zweiphasigen Strömungen werden die Druckverluste stark von der vorliegenden Strömungsform beeinflusst. Diese ist wiederum abhängig von den Stoffdaten der Phasen, wie der Dichte, der Viskosität sowie der Oberflächenspannung. Weiterhin wird die Strömungsform durch die Massenströme der Phasen, die Erdbeschleunigung und die Ausrichtung und Geometrie des durchströmten Rohrs beeinflusst. In Gl. (2.67) wird die Strömungsform nicht durch einen zusätzlichen Parameter berücksichtig, sondern geht in Form der genannten Parameter in die Korrelation zur Berechnung des Druckverlustes ein.

Die Berechnung des Beschleunigungsdruckverlustes der Steigleitung erfolgt analog zum Vorgehen beim Verdampferrohr. Unter Berücksichtigung des geodätischen Druckabfalls und des Reibungsdruckverlustes wird zunächst der Druck am Ende der Steigleitung ermittelt. Der durch Flashverdampfung entstehende Dampfmassenstrom in der Steigleitung ergibt sich aus Gl. (2.56). Die volumetrischen Dampfgehalte am Ein- und Austritt ergeben sich aus den Gln. (2.61-2.63) sowie dem Beschleunigungsdruckverlust aus Gl. (2.59). Mit Hilfe von Gl. (2.44) ist der Gesamtdruckverlust der Steigleitung zu ermitteln und der Druck am Ende der Steigleitung zu berechnen. Diese Berechnung wird wiederholt, bis geschätzter und berechneter Druck am Ende der Steigleitung hinreichend genau übereinstimmen.

Umlenkung

Nach der Steigleitung erfährt das Flüssigkeits-Dampfgemisch eine Umlenkung, da das Brüdenrohr in der Regel waagerecht in den Kolonnensumpf bzw. den Brüdenabscheider geführt wird, siehe Abb. A.2.1. Die Berechnung der Druckverluste in dieser Umlenkung erfolgt mit Korrelationen aus [Muschelknautz, 2006]. Da der Druckverlust in der Umlenkung wie bereits bei der Steigleitung einen Einfluss auf die Flashverdampfung und damit auf die Strömung hat, ist auch bei dieser Druckverlustberechnung eine iterative Rechnung mit einem geschätzten Druck am Ende der Umlenkung erforderlich. Zunächst ist der Druckverlust der einphasigen Flüssigkeitsströmung beim Durchströmen der Umlenkung zu bestimmen.

$$\Delta p_{liq} = \frac{\xi}{2 \cdot p} \cdot L_{äquiv} \cdot \left(\frac{\dot{M}}{\pi / 4 \cdot d^2}\right) \tag{2.70}$$

Zur Ermittlung der äquivalenten Länge $L_{äquiv}$ wird der relative Radius als Verhältnis zwischen Biegeradius und Rohrinnendurchmesser verwendet.

$$r_{rel} = \frac{r_{Krümmer}}{d_i} \; . \tag{2.71}$$

Abhängig vom Strömungszustand ist der Widerstandsbeiwert der einphasigen Strömung mit den Gleichungen (2.41) bzw. (2.42) zu berechnen. Die Berechnung des zweiphasigen Druckverlustes erfolgt mit Hilfe eines Zweiphasendruckverlustkoeffizienten. Dieser ist definiert als

$$\Phi = 1 + \left(\frac{\rho_{liq}}{\rho_{vap}} - 1 \right) \cdot \left[b \cdot \dot{x} \cdot (1 - \dot{x}) + \dot{x}^2 \right], \tag{2.72}$$

mit

$$b = 1 + \frac{2{,}2}{\xi \cdot L_{äquiv} \cdot (2 + r_{rel})} \, . \tag{2.73}$$

Schließlich errechnet sich der zweiphasige Druckverlust zu

$$\Delta p_{2Ph} = \Delta p_{liq} \cdot \Phi \, . \tag{2.74}$$

Aufgrund der Druckverluste tritt auch in der Umlenkung eine Flashverdampfung auf. Diese wird durch Gl. (2.56) berücksichtigt. Die iterative Berechnung endet, wenn der geschätzte Druck am Austritt des Krümmers dem berechneten entspricht.

Horizontale Rohrleitung

Auch in der waagerechten Leitung des Brüdenrohrs treten Druckverluste und Flashverdampfung auf, die zu berücksichtigen sind. Die Berechnung hierfür erfolgt iterativ mit Korrelationen des VDI-Wärmeatlas [VDI 2006]. Anhand der Drücke und Temperaturen am Anfang und Ende der horizontalen Rohrleitung ist mit den gemittelten Stoffdaten eine mittlere Leerrohrgeschwindigkeit aus den Einzelgeschwindigkeiten der zwei Phasen zu berechnen.

$$w_{2ph} = w_{vap} + w_{liq} \tag{2.75}$$

Für die verwendete Korrelation wird die Dichte auf die Massenströme bezogen berechnet zu

$$\rho_m = \rho_{liq} \cdot \Psi_{liq} + \rho_{vap} \cdot (1 - \Psi_{liq}), \tag{2.76}$$

mit

$$\Psi_{liq} = \frac{\dot{M}_{liq} / \rho_{liq}}{\dot{M}_{liq} / \rho_{liq} + \dot{M}_{vap} / \rho_{vap}}. \tag{2.77}$$

Zur Ermittlung der Reynolds-Zahl nach Gl. (2.14) sind die mittlere Leerrohrgeschwindigkeit nach (2.75) und die Dichte und Viskosität der flüssigen Phase zu verwenden. Der zweiphasige Druckverlust der horizontalen Rohrleitung berechnet sich schließlich zu

$$\Delta p = f_m \cdot \frac{2 \cdot \rho_m \cdot w_{2Ph}^2 \cdot L}{d_i}, \tag{2.78}$$

mit

$$f_m = 0{,}0925 \cdot Re^{-0,2534} + \frac{13{,}98 \cdot Re^{-0,9501} - 0{,}0925 \cdot Re^{-0,2534}}{\left[1 + \left(\frac{Re}{293}\right)^{4,864}\right]^{0,1972}}. \tag{2.79}$$

Wiederum ist Flashverdampfung nach Gl. (2.56) zu beachten und eine ausreichende Konvergenz zwischen geschätztem und berechnetem Druck am Ende der horizontalen Leitung zu erreichen.

Querschnittserweiterung

Zur Berechnung des Druckverlustes werden Korrelationen von Schmidt [Schmidt, 1993] verwendet. Es ist eine Berechnung in mehreren Schritten erforderlich. In einer ersten Berechnung wird das Fluid als inkompressibel angenommen und ein entsprechender Druckverlust bestimmt. Die Qualität der Aufweitung wird in Form des Querschnittsverhältnisses der durchströmten Flächen beschrieben.

$$V_A = \frac{d_i^2}{d_{Erw}^2} \tag{2.80}$$

Sowohl für den Ein- als auch den Austritt der Erweiterung sind die Massenstromdichten und darauf aufbauend die Reynolds-Zahlen wie folgt zu bestimmen

$$Re = \frac{\dot{m} \cdot (1 - \dot{x}) \cdot d}{\eta_{liq}}. \tag{2.81}$$

Für beide Querschnitte ist eine Impulsstromkorrektur zu errechnen. Im Bereich turbulenter Strömung (Re > 2300) beträgt diese K = 1, bei laminarer Strömung K = 1,33. Die Weber-Zahl der zweiphasigen Strömung berechnet sich zu

$$We = \frac{\dot{m}^2 \cdot \dot{x}^2}{\rho_{vap}} \cdot \frac{d}{\sigma_{liq}} \cdot \frac{(\rho_{liq} - \rho_{vap})}{\rho_{vap}}. \tag{2.82}$$

Der Schlupf der Zweiphasenströmung ergibt sich aus Umformung von Gl. (2.51):

$$s = \frac{\dot{x}}{1-\dot{x}} \cdot \frac{1-\varepsilon}{\varepsilon} \cdot \frac{\rho_{liq}}{\rho_{vap}}, \tag{2.83}$$

mit dem volumetrischen Dampfgehalt

$$\varepsilon = 1 - \frac{(1-\dot{x})^2 \cdot 2}{1 - 2 \cdot \dot{x} + \sqrt{1 + 4 \cdot \dot{x} \cdot (1-\dot{x}) \cdot \left(\frac{\rho_{liq}}{\rho_{vap}} - 1 \right)}}. \tag{2.84}$$

Zu bestimmen sind weiterhin der mittlere volumetrische Flüssigkeitsgehalt der Kernströmung

$$\varepsilon_K = \frac{1}{s} \cdot \left[1 - \frac{1-\dot{x}}{1 - \dot{x} + 0{,}05 \cdot \dot{x} \cdot We^{0,27} \cdot Re^{0,05}} \right] \tag{2.85}$$

und die mittlere effektive Dichte des zweiphasigen Gemisches

$$\frac{1}{\rho_{eff}} = \frac{\dot{x}^2}{\rho_{vap} \cdot \varepsilon} + \frac{(1-\dot{x})^2}{\rho_{vap} \cdot (1-\varepsilon)} + \rho_{liq} \cdot (1-\varepsilon) \cdot \left(\frac{\varepsilon_K}{1-\varepsilon_K} \right) \cdot \left[\frac{\dot{x}}{\rho_{vap} \cdot \varepsilon} - \frac{(1-\dot{x})}{(1-\varepsilon) \cdot \rho_{liq}} \right]^2. \tag{2.86}$$

Diese ergibt sich aus dem Gesamtimpulsstrom in einem durchströmten Querschnitt [Schmidt, 1993]. Dabei wird die Impulsstromdichte der in der Flüssigkeit mitgerissenen Bläschen vernachlässigt und angenommen, dass die mittlere Flüssigkeitsgeschwindigkeit der des Gases entspricht. Der inkompressible Druckverlust der horizontalen Rohrerweiterung berechnet sich zu

$$\Delta p_{Erw} = \frac{\dot{m}_{ein}^2 \cdot \left[\frac{K_{ein} \cdot V_A}{\rho_{eff,ein}} - \frac{K_{aus} \cdot V_A^2}{\rho_{eff,aus}} - f_{Erw}^* \cdot \rho_{eff,ein} \right.}{1 - \Gamma_{Erw} \cdot (1 - V_A)} \frac{\left. \cdot \left(\frac{\dot{x}}{\varepsilon_{ein} \cdot \rho_{vap,ein}} - \frac{1-\dot{x}}{(1-\varepsilon_{ein}) \cdot \rho_{liq}} \right)^2 \cdot \left(1 - \sqrt{V_A}\right)^2 \right]}{1 - \Gamma_{Erw} \cdot (1 - V_A)}, \tag{2.87}$$

mit dem modifizierten Reibungsbeiwert der Rohrerweiterung

$$f^*_{Erw} = 0{,}0049 \cdot \dot{x}^2 \cdot (1-\dot{x})^2 \cdot \left(\frac{\eta_{liq,ein}}{\eta_{vap,ein}}\right)^{0,7} \tag{2.88}$$

und dem Stützdruckbeiwert

$$\Gamma_{Erw} = 1 - V_A^{0,25}. \tag{2.89}$$

Mit Hilfe des inkompressiblen Druckverlustes nach Gl. (2.87) ist der Druck am Austritt der Erweiterung zu berechnen und eine erneute Berechnung basierend auf dem neuen Druck durchzuführen, bis sich der Austrittsdruck nicht mehr signifikant von dem der vorausgegangenen Berechnung unterscheidet.

2.3 Übergang zwischen Aufheiz- und Verdampfungszone

Im Verdampferrohr wird durch die Verringerung des Drucks und die konvektive Aufheizung die Siedetemperatur des Fluids erreicht. Um dies in einem Simulationsprogramm zu ermitteln, ist der Siedebeginn für den lokalen Druck am Austritt eines Rohrsegmentes zu überprüfen. Die entstandene Dampfmenge ist in den Berechnungen für das folgende Segment zu berücksichtigen. Im Folgenden werden die Annahmen getroffen, dass sich die Temperaturänderungen für ein kurzes Segment hinreichend genau durch einen linearen Verlauf beschreiben lassen und sich sowohl der Wärmeübergang als auch der Druckverlust einphasig berechnen lassen. Der Beginn des Siedens kann ermittelt werden als Schnittpunkt zwischen der Geraden der Fluidtemperaturen und der Geraden der Gleichgewichtssiedetemperaturen des Fluids jeweils am Ein- und Austritt des Segmentes, siehe Abb. 2.3.

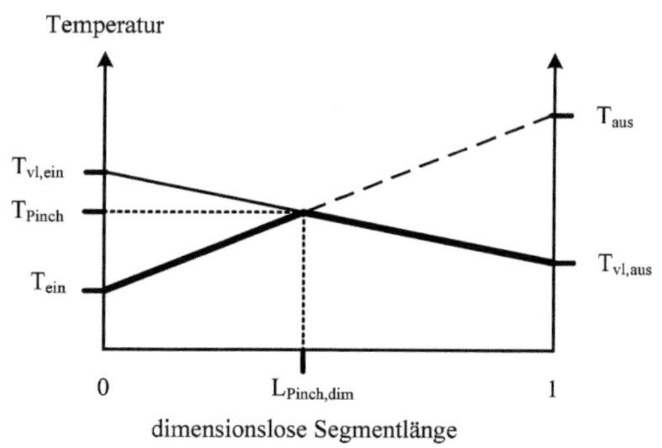

Abb. 2.3: Bestimmung des Ortes des Siedebeginns = Ende der Aufheizzone [Hammerschmidt, 2011]

Die dimensionslose Länge bis zum Erreichen der Siedetemperatur berechnet sich als Schnittpunkt der Geraden zu

$$L_{Pinch,dim} = \frac{T_{vl,ein} - T_{ein}}{T_{aus} - T_{ein} - T_{vl,aus} + T_{vl,ein}} . \tag{2.90}$$

Hieraus ergibt sich die Siedetemperatur am Ort des Siedebeginns.

$$T_{Pinch} = \left(T_{aus} - T_{ein}\right) \cdot L_{Pinch,dim} + T_{ein} \tag{2.91}$$

Mit Erreichen der Siedetemperatur stehen Flüssigkeit und Dampf im Gleichgewicht. Der durch Flashverdampfung entstehende Dampfstrom im Segment ergibt sich daher zu

$$\dot{M}_{vap,konv} = \dot{M}_{vap,aus} = c_p \cdot \dot{M}_{ges} \cdot \frac{T_{Pinch} - T_{vl,aus}}{\Delta h_v} . \tag{2.92}$$

Der das Segment verlassende Flüssigkeitsstrom reduziert sich um den im Segment entstandenen Dampfmassenstrom.

$$\dot{M}_{liq,aus} = \dot{M}_{ges} - \dot{M}_{vap,aus} \tag{2.93}$$

Der Massenstromdampfgehalt am Austritt des Segmentes beträgt schließlich

$$\dot{x}_{aus} = \frac{\dot{M}_{vap,aus}}{\dot{M}_{ges}} . \tag{2.94}$$

2.4 Gemischverdampfung im Naturumlaufverdampfer

Bei der Verwendung von Naturumlaufverdampfern als Apparat zur Stofftrennung liegen rohrseitig Zwei- oder Mehrstoffgemische vor. In der Verdampfungszone kommt es zu einer Anreicherung der leichter siedenden Komponenten in der Dampfphase, während sich die schwerer siedenden Stoffe in der flüssigen Phase aufkonzentrieren. Hierdurch verändern sich in axialer Richtung im Verdampferrohr die Zusammensetzungen der Phasen und somit in Abhängigkeit vom lokalen Druck auch die Gleichgewichtstemperatur. Im Folgenden wird das Modell der geschlossenen Verdampfung sowie der Wärmeübergang beim Blasensieden von Gemischen vorgestellt. Die Berechnungskorrelationen der geschlossenen Verdampfung sind [Steiner, 2006] entnommen.

2.4.1 Geschlossene Verdampfung

Beim Modell der geschlossenen Verdampfung befinden sich dampfförmige und flüssige Phase entlang des Verdampfungswegs in ständigem Kontakt miteinander und stehen in einem thermodynamischen Gleichgewicht. Zwischen Eintritt eines Rohrsegementes und Austritt berechnen sich die Anteile des Leichtsieders Wasser in der Dampf- und Flüssigphase iterativ durch das Lösen der Gleichung

$$\frac{\left(1-\dot{x}_{aus}\right)}{M_{liq,aus}} \cdot x_{Wa,aus} + \frac{\dot{x}_{aus}}{M_{vap,ein}} \cdot y_{Wa,aus} - \frac{x_{Wa,ein}}{M_{liq,ein}} = 0 \,. \qquad (2.95)$$

Zur Berechnung des Verteilungskoeffizienten zwischen den Phasen sind die Korrelationen (A.14, A.15) zu verwenden. Die Molmassen der Phasen am Ein- und Austritt sind in Abhängigkeit der jeweiligen Molanteile mit Hilfe der Reinstoffmolmassen zu berechnen.

2.4.2 Blasensieden von Gemischen

Bei der Verdampfung von Gemischen kann es durch das Ausdampfen der Leichtsieder zu einer Anreicherung von Schwersiedern und daraus folgend zu einer Erhöhung der Siedetemperatur an der wärmeübertragenden Oberfläche kommen. Hierdurch verringert sich die treibende Temperaturdifferenz für die Gemischverdampfung, was gegenüber der Reinstoffverdampfung zu geringeren Wärmeübergangskoeffizienten führen kann. Aus diesem Grund werden in der Literatur Modelle zur Berechnung des Wärmeübergangs verwendet, in denen neben den Wärmeübergangskoeffizienten der Reinstoffe beim Blasensieden zusätzlich die Temperaturdifferenz zwischen Tau- und Siedelinie eines Gemisches oder die unterschiedlichen Zusammensetzungen der flüssigen und dampfförmigen Phase berücksichtigt werden. Weiterhin ist in vielen Modellen ein Term enthalten, der den Einfluss des Stofftransports in der flüssigen Phase und damit den Einfluss des Leichtsiedertransports auf den Wärmeübergang beschreibt. Ein guter Überblick der in der Literatur verwendeten Berechnungskorrelationen ist in [Bujok, 2013] zu finden.

Zur Berechnung des Blasensiedens von Stoffgemischen sind zunächst die Wärmeübergangskoeffizienten der Reinstoffe nach Kapitel 2.1.3 zu ermitteln. Anteilig zu den Molanteilen der Reinstoffe ergibt sich der ideale Wärmeübergangskoeffizient für das Blasensieden des Wasser-Glycerin Gemisches zu

$$\alpha_{BS,id,Wa,Gly} = \frac{1}{\dfrac{x_{Wa}}{\alpha_{BS,Wa}} + \dfrac{x_{Gly}}{\alpha_{Bs,Gly}}} \,. \qquad (2.96)$$

Der Wärmeübergangskoeffizient des Blasensiedens berechnet sich nach einer Korrelation von Schlünder [Schlünder, 1982] zu

$$\alpha_{BS,Wa,Gly} = \frac{1}{1 + \dfrac{\alpha_{BS,id,Wa,Gly}}{\dot{q}} \cdot \Delta T_{vl} \cdot \left(1 - e^{-\frac{B_0}{\beta_{liq}} \cdot \frac{\dot{q}}{\tilde{\rho}_{liq} \cdot \tilde{h}_{vl}}}\right)} \cdot \alpha_{BS,id,Wa,Gly} \,. \qquad (2.97)$$

Nach Empfehlung des VDI-Wärmeatlasses wird für die Berechnung des Quotienten zwischen anteilig benötigter Heizleistung zur Blasenverdampfung und des flüssigkeitsseitigen Stoffübergangskoeffizienten

$$\frac{B_0}{\beta_{liq}} = 5 \cdot 10^3 \frac{s}{m} \tag{2.98}$$

verwendet. Die Stoffdaten der Reinstoffe sowie des Gemisches sind dabei nach den Korrelationen im Anhang bei den lokal vorliegenden Drücken und Temperaturen zu berechnen.

3 Anlagenbeschreibung, Versuchsdurchführung und Datenextraktion

Für die Vorausberechnung der Naturumlaufverdampfung unter Verwendung des innenberippten Rohrs und des hiTRAN-Inserts sind Kenntnisse über die Fluiddynamik und den Wärmeübergang bei jeweils ein- und zweiphasiger Fluidströmung erforderlich. Die Kopplung von Wärmeübergang und Fluiddynamik erschwert dabei den experimentellen Zugang zu den einzelnen Phänomenen. Aus diesem Grund wurde ein umfangreiches Versuchskonzept entwickelt, wodurch mit Hilfe von zwei Versuchsanlagen Wärmeübergang und Fluiddynamik getrennt untersucht werden können.

3.1 Untersuchte Rohre und Inserts

In Tab. 3.1 sind die in der Fluid- und Verdampferanlage untersuchten Rohre sowie das verwendete Drahtgestrick-Insert vorgestellt. In der Fluiddynamikanlage wurden zusätzlich ein Kenics-Mischer sowie ein Drahtgestrick-Insert mit größerer Schlaufendichte (CG 212) untersucht. Aufgrund der für den Naturumlauf ungünstigen höheren Druckverluste gegenüber den anderen Turbulenzpromotoren wurden diese jedoch nicht in der Verdampferapparatur getestet.

Tab. 3.1: Übersicht über die untersuchten Rohre / Inserts

Glattrohr	**Innenberipptes Rohr**	**hiTRAN-CG 210**
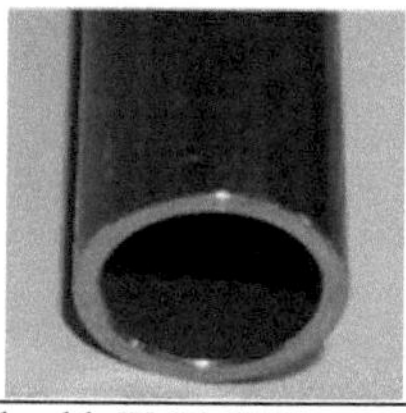		
Edelstahl, EN 1.4301 $\lambda = 15\ W\ m^{-1}\ K^{-1}$ $d_i = 0{,}016\ m$ $L = 1{,}5\ m$ $d_a = 0{,}020\ m$ $A_a = 0{,}09425\ m^2$ $A_i = 0{,}07540\ m^2$ $L/d_a = 75$ $L/d_i = 93{,}75$	Wieland-Werke AG Sonderanfertigung Kupfer, UNS: C 12200 $\lambda = 330\ W\ m^{-1}\ K^{-1}$ $L = 1{,}5\ m$ $d_a \approx 0{,}020\ m$ $d_{Kern} \approx 0{,}016\ m$ $n_{Rippen} = 42$ $h_{Rippen} = 0{,}44\ mm$ Nutwinkel = 48 ° Drallwinkel = 45 ° $\frac{A_{i,ber} - A_{i,glatt}}{A_{i,glatt}} \approx 0{,}68$	Cal Gavin Limited Edelstahl, eingebaut in Glattrohr $L = 1{,}5\ m$ Volumenanteil: 3 vol.-% Herstellernummer: 16000-1AB3F00-1D77C-5B874-N-1916/1.20

Das verwendete Glattrohr dient als Referenz für das innenberippte Rohr sowie das Drahtgestrick-Insert. Sowohl der Rohrtyp als auch das Verhältnis von Länge zu Durchmesser $L / d_i = 94$ sind typisch für in der Industrie eingesetzte Naturumlaufverdampfer. Das innenberippte Rohr der Firma Wieland ist eine Spezialanfertigung und weist gegenüber dem Glattrohr eine Vergrößerung der inneren Wärmeübertragungsfläche von etwa 68 % auf. Aus Fertigungsgründen war es nicht möglich, ein beripptes Rohr aus Edelstahl herzustellen, daher wurde ein Rohr aus Kupfer verwendet. Das hiTRAN-Insert wurde in den Versuchen im Glattrohr eingesetzt. Im Rohr nimmt das Insert einen Anteil von etwa 3 % bezogen auf das innere Rohrvolumen ein.

3.2 Fluiddynamikanlage

3.2.1 Aufbau der Anlage

Zur Untersuchung ein- und zweiphasiger Druckverluste ohne Wärmeübertragung wurde eine Fluiddynamikanlage aufgebaut, siehe Abb. 3.1. Der Flüssigkeitsumlauf erfolgt durch eine ungeregelte Zahnradpumpe P1 (ZP-230-10 l/min-Chemie, Marco S.p.A.) und wird durch ein im Bypass angeordnetes Membranventil eingestellt. Ein induktiver Durchflussmesser F1 (Optiflux 1010C DN 10, Krohne Messtechnik GmbH) erfasst den Flüssigkeitsstrom. Als zweite Phase wird Druckluft verwendet, deren Volumenstrom mittels Schwebekörperdurchflussmesser F2 (ABB FP-1/4-20-G-5) ermittelt wird.

Um eine gleichmäßige Durchmischung der Phasen zu erreichen, befindet sich vor dem Eintritt in das Versuchsrohr ein SMX-Mischer. Versuchsrohre mit einem Außendurchmesser von 20 mm können in der Anlage untersucht werden, die Druckmessung erfolgt an 10 Druckmessbohrungen mit jeweils 1 mm Durchmesser entlang des Versuchsrohrs. Die Druckverluste zwischen den Messstellen werden mit Hilfe des U-Rohr-Prinzips anhand der Höhendifferenz des Flüssigkeitsspiegels in durchsichtigen Polymethylmethacrylat-Röhrchen optisch erfasst. Durch dieses Messprinzip ist unter Annahme einer inkompressiblen Strömung der geodätische Druckabfall axial entlang des untersuchten Rohrs in den Differenzdrücken zwischen den Messtellen nicht vorhanden. Ein Photo der Fluiddynamikanlage ist in Abb. A.2.12 dargestellt.

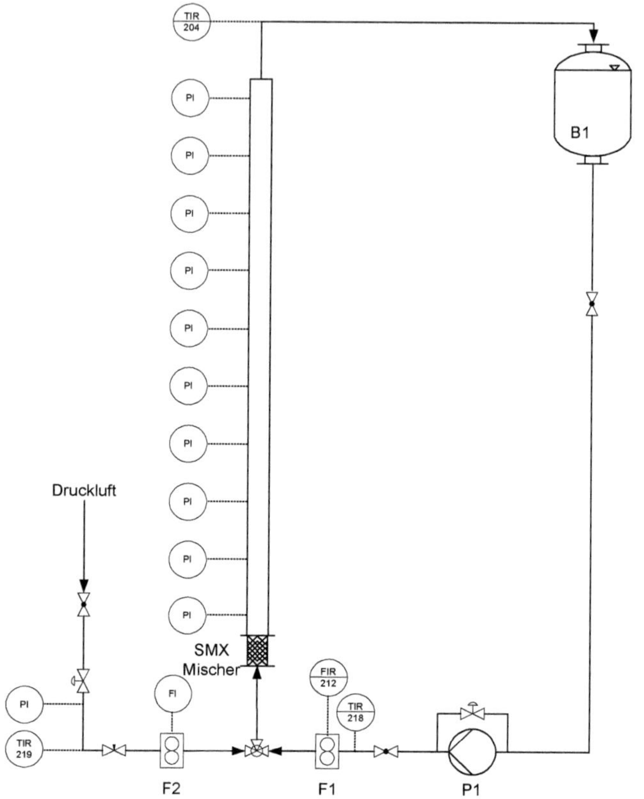

Abb. 3.1: Fließbild der Fluiddynamikanlage

3.2.2 Versuchsauswertung

Um eine möglichst präzise Ermittlung des Druckverlustes zu erreichen, wurden für die einphasigen Druckverlustversuche mit einer Spiegelreflexkamera (Canon Eos 500D) Photos bei verschiedenen Strömungsgeschwindigkeiten aufgenommen. Die Höhendifferenz zwischen den Flüssigkeitsständen wird mit Hilfe der Software DigitizeIt in den Photos bestimmt. Der Reibungsdruckabfall zwischen den Druckmessbohrungen errechnet sich aus der Höhendifferenz der Flüssigkeitsstände in den Polymethylmethacrylat-Röhrchen

$$\Delta p = \rho \cdot g \cdot \Delta h \,. \tag{3.1}$$

Die Differenzdruckerfassung der zweiphasigen Messungen erfolgten mit Hilfe einer Hochgeschwindigkeitskamera (PHOTRON Fastcam PCI R2, Fa. VKT), da verstärkt Schwankungen in den Messröhrchen auftraten.

3.3 Versuchsanlage zur Naturumlaufverdampfung

Im Verdampfer (Abb. 3.2) können Einzelrohre der Geometrie d_a x s x L = 20 x 2 x 1500 mm hinsichtlich des Wärmeübergangs und der Fluiddynamik untersucht werden. Das Fließbild des Verdampfers ist in Abb. 3.2 dargestellt.

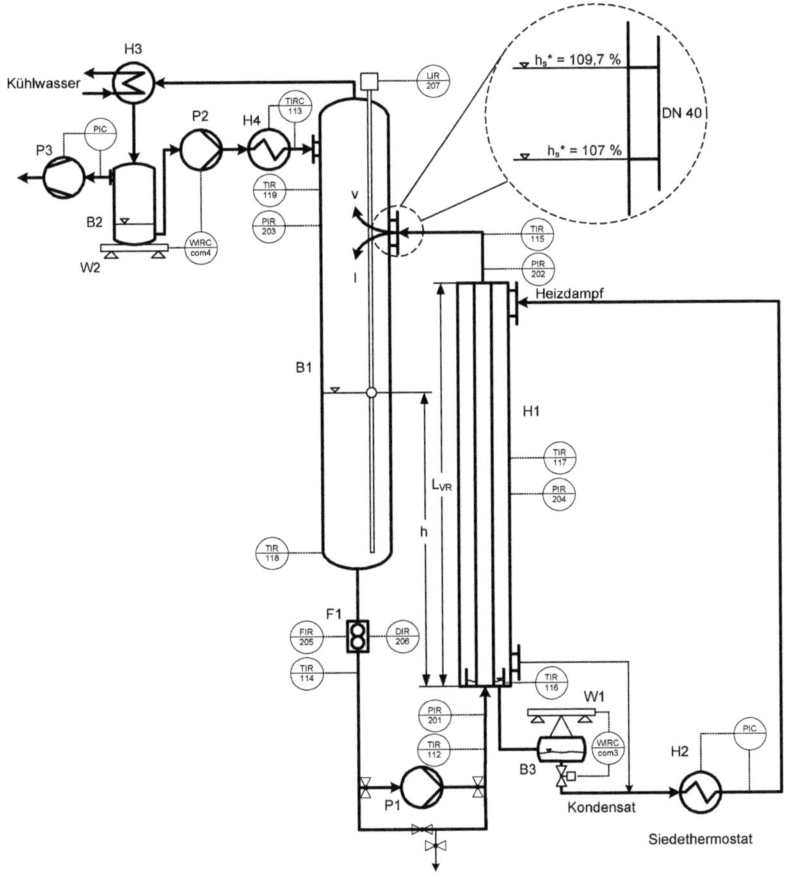

Abb. 3.2 Fließbild des Einrohr-Naturumlaufverdampfers [Hammerschmidt, 2012]

Wie in Abb. 3.2 dargestellt, liegt das Versuchsmedium in einem ölbeheizten doppelwandigen Glasbrüdenabscheider B1 vor. Durch einen Schwimmkörperfüllstandsmesser (LIR 207) wird der Flüssigkeitsstand h erfasst. Die Temperaturmessung der Sumpfflüssigkeit und des Brüden erfolgt über zwei PT-100 Widerstandsthermometer (TIR 118, 119). Der Systemdruck wird mittels eines Hochtemperaturdrucktransmitters (PAA-35XHTC) der Firma Keller ermittelt (PIR 203). Aus dem Sumpf des Brüdenabscheiders durchströmt die dem Verdampferrohr zulaufende Flüssigkeit einen Coriolis-Durchflussmesser der Firma Endress und Hauser (Promass 80F25-AD2SAP5EAAA8), wobei die Dichte (DIR 208) und der Umlaufmassenstrom (FIR 205) gemessen werden. Weiterhin steht am Durchflussmesser ein Typ K Thermoelement zur Temperaturmessung zur Verfügung (TIR 114). Das im Zulauf verwendete Edelstahlrohr hat eine Länge von L = 2,14 m bei einem Innenrohrdurchmesser von d_i = 0,016 m. Die absolute Rauheit K zur Berechnung des Druckverlustes der Strömung wird nach [VDI, 2006] für saubere, gezogene Edelstahlrohre mit K = 0,04 mm angegeben. Da in dieser Arbeit der Einfluss unterschiedlicher Verdampferrohre und Einbauten auf die Naturumlaufverdampfung untersucht wurde, ist in der Versuchsanlage keine Drossel im Zulauf integriert. So ist für alle untersuchten Rohre und Einbauten die Zulaufgeometrie gleich und das Betriebsverhalten unabhängig von der Stellung der Zulaufdrossel. Weiterhin ist der Druckverlust bei der Verwendung von Rippenrohren und Drahtgestrick-Inserts gegenüber dem glatten Edelstahlrohr erhöht. Zusätzliche Druckverluste durch eine Drossel im Zulauf waren aus diesem Grund zu vermeiden.

Die für den einphasigen Druckverlust im Zulauf des Verdampferrohrs zu berücksichtigenden Armaturen und Anlagengeometrien sind mit den entsprechenden Widerstandsbeiwerten in Tab. 3.2 angegeben.

Tab. 3.2: Armaturen und Widerstandsbeiwerte im Zulauf des Verdampferrohrs

Armatur / Anlagengeometrie	**Anzahl**	**Widerstandsbeiwert**
Scharfkantiger Einlauf vom BA in das Verdampferrohr	1	1,69
T- Abzweigung	4	0,05
Kugelhahn	1	0,6
Krümmer	2	0,1
Vorstehender, scharfkantiger Einlauf in das Verdampferrohr	1	3

Zusätzlich zum Druckabfall in den in Tab. 3.2 dargestellten Armaturen findet im Zulauf zum Verdampferrohr ein Druckabfall im Coriolis-Durchflussmesser statt. Nach Betriebsanleitung des Herstellers [Endress & Hauser 2007] berechnet sich der Druckverlust für den Durchflussmesser zu

$$\Delta p_{Coriolis} = \left(K_1 \cdot \nu \cdot \dot{M} + K_2 \cdot \nu^{0,25} \cdot \dot{M}^2 / \rho\right) \cdot 10^2 \text{ für Re} < 2300,$$
$$\Delta p_{Coriolis} = \left(K_3 \cdot \nu^{0,25} \cdot \dot{M}^{1,85} \cdot \rho^{-0,86}\right) \cdot 10^2 \text{ für Re} \geq 2300,$$
mit
$$K_1 = 6{,}4 \cdot 10^6, \quad K_2 = 4{,}5 \cdot 10^5, \quad K_3 = 1{,}9 \cdot 10^6. \tag{3.2}$$

Der Druck am Eintritt des Verdampferrohrs lässt sich ermitteln durch

$$p_{VR,ein} = p_{BA} + \rho \cdot g \cdot h_s + \frac{\rho}{2} \cdot w^2 - \Delta p_{Ar} + \Delta p_{Korr} \tag{3.3}$$

Mit dem Korrekturterm Δp_{Korr} werden Abweichungen zwischen experimentell ermittelten Drücken und vorausberechneten Drücken am Verdampferrohreintritt korrigiert. Für das glatte Edelstahlrohr ergibt sich für die Korrektur ein hydrostatischer Druckunterschied von

$$\Delta p_{Korr} = \rho \cdot g \cdot 0{,}048 \text{ m}. \tag{3.4}$$

Im Verdampferrohr wird die Flüssigkeit aufgeheizt und teilweise verdampft. Durch den Dichteunterschied zwischen einphasigem Fluid im Zulauf und dem zweiphasigen Dampf-Flüssigkeitsgemisch entsteht der charakteristische Selbstumlauf. Die Temperaturen im Kern der Strömung werden durch zehn Typ K Thermoelemente (TIR 210-219) axial im Verdampferrohr erfasst. Für das Glattrohr sowie das innenberippte Rohr sind die Thermoelemente an einem Spanndraht fixiert, während sie bei Verwendung des hiTRAN-Inserts um den Kerndraht gewickelt sind. Neben den Thermoelementen zur Strömungstemperaturmessung befinden sich zehn Typ K Thermoelemente in einer Einbautiefe von 1,5 mm von der Außenwand axial in der Wand des Verdampferrohrs (TIR 101-110). Damit beträgt die Wandstärke zwischen den Thermoelementspitzen und der Innenrohrwand 0,5 mm. Alle Thermoelemente in der Rohrwand wurden vor dem Einbau gegen ein Quarzthermometer kalibriert.

Neben einem Umlaufstrom durch Naturumlaufverdampfung kann dieser durch eine im Bypass geschaltete Zahnradpumpe P1 (Verdergear Liquiflo 33F) als Zwangsumlauf aufgeprägt werden. Hierdurch sind neben den Verdampfungsversuchen auch einphasige Wärmeübergangsversuche möglich. Sowohl am Ein- als auch am Austritt werden die Temperaturen mit Typ K Thermoelementen (TIR 112, 115) und die Drücke (PIR 201, 202) mittels Hochtemperaturdrucktransmittern (PAA-35XHTC) gemessen. Zwischen Verdampferrohr und Brüdenabscheider durchströmt das Flüssigkeits-Dampfgemisch das Brüdenrohr, in dem Druckverluste und Flashverdampfung stattfinden. Um Wärmeverluste an die Umgebung zu verringern, ist das Brüdenrohr mit Glaswolle isoliert. Die Höhe der Steigleitung beträgt $L_{Steigl} = 0{,}125$ m. Im Anschluss an die Steigleitung erfährt die zweiphasige Strömung im Brüdenrohr eine scharfkantige Umlenkung in einem Winkel von

90 °, vgl. Abb. A.2.1. Die Berechnung der Druckverluste in dieser Umlenkung erfolgt mit Korrelationen nach [Muschelknautz, 2006]. Da der Druckverlust in der Umlenkung wie bereits bei der Steigleitung einen Einfluss auf die Flashverdampfung und damit auf die Strömung hat, ist auch bei dieser Druckverlustberechnung eine iterative Rechnung mit einem geschätzten Druck am Ende der Umlenkung erforderlich. Zunächst ist der Druckverlust der einphasigen Flüssigkeitsströmung beim Durchströmen der Umlenkung zu bestimmen.

$$\Delta p_{liq} = \frac{\xi}{2 \cdot \rho} \cdot L_{äquiv} \cdot \left(\frac{\dot{M}}{\pi / 4 \cdot d_i^2} \right)^2 \tag{3.5}$$

Zur Ermittlung der äquivalenten Länge wird der relative Radius als Verhältnis zwischen Biegeradius und Rohrinnendurchmesser verwendet. Dieser beträgt für die Umlenkung

$$r_{rel} = \frac{r_{Krümmer}}{d_i} = \frac{40}{16} \tag{2.71 b}$$

Aus der in [Muschelknautz, 2006] dargestellten Abbildung ergibt sich daraus eine äquivalente Länge von $L_{äquiv}$ = 12,12 m.

Wie in Abb. A.2.1 dargestellt, folgt hinter dem Krümmer eine 310 mm lange Rohrleitung. Der Innendurchmesser der horizontalen Leitung beträgt auf einer Länge von L = 170 mm d_i = 16 mm, dann weitet sich die Leitung über einen Faltenbalg scharfkantig auf einen Durchmesser von d_i = 40 mm auf und endet im Brüdenabscheider. Da der Druckabfall in der horizontalen Rohrleitung gering ausfällt, kann zur Berechnung des Druckabfalls vereinfachend für die gesamte Länge der Rohrleitung ein Innendurchmesser d_i = 16 mm angenommen werden. Bei den Versuchen war insbesondere bei hohen Massenstrom-dampfanteilen eine Ring- bzw. Spritzerströmung mit der flüssigen Phase an der Wand des gläsernen Brüdenrohrabschnitts hinter dem Faltenbalg festzustellen. Es wird daher angenommen, dass der Druckverlust durch die Aufweitung des Querschnitts von d_i = 16 mm auf d_i = 40 mm erfolgt und der Druckverlust durch die Aufweitung vom Brüdenrohr in den Brüdenabscheider vernachlässigbar ist.

Die dampfförmige Phase trennt sich im Brüdenabscheider von der Flüssigkeit und wird durch den Wärmeübertrager H3 kondensiert, siehe Abb. 3.2. Als Kopfprodukt wird dieses in einem Sammelbehälter B2 auf der Waage W2 (Sartorius SIWSDCP-1-35-H) erfasst. Bei Erreichen einer Masse von 0,030 kg wird die Flüssigkeit mittels der Pumpe P2 (Prominent Gamma L) über eine elektrische Vorheizung zurück in den Brüdenabscheider gefördert und die Temperatur über ein Typ K Thermoelement (TIRC 113) erfasst. Hierdurch kann eine starke Abreicherung des Leichtsieders bei der Gemischverdampfung verhindert werden.

Die Beheizung des Verdampferrohrs erfolgt im Gegenstrom durch kondensierenden Wasserdampf bzw. Hexanoldampf mittels eines Siedethermostaten (GWK vacutherm vt06). Dieser wird im Unterdruckbereich zwischen 0,2 bar und 0,9 bar mit Wasser und Hexanol als

Heizmedien betrieben. Durch ein Bechersystem wird der am Verdampferrohr kondensierte Dampf vom Verlustkondensat getrennt und im Behälter B3 durch die Waage W1 (Sartorius SIWSDCP-1-6-S) erfasst. Bei Erreichen einer Masse von 0,150 kg öffnet sich ein Ventil und das Kondensat fließt schwerkraftgetrieben in den Siedethermostaten zurück. Die Messdaten werden über einen Datenlogger der Firma Agilent (34970A) in einem Zeitintervall von 5 s über eine Versuchsdauer von 30 min je scheinbarem Flüssigkeitsstand erfasst. Die Wärmeleitfähigkeit des Verdampferrohrs beträgt für das verwendete Edelstahlrohr $\lambda_{VR} = 15\ W\ m^{-1}\ K^{-1}$, für das Kupferrohr $\lambda_{VR} = 330\ W\ m^{-1}\ K^{-1}$. Da für die Beheizung des Verdampfers reine Medien verwendet wurden, wird kein Fouling auf der Heizseite veranschlagt. Zur Regelung und Steuerung der Anlage wird das Programm LabVIEW verwendet.

3.3.1 Durchgeführte Verdampfungsversuche

Um die Eignung der Inserts bei unterschiedlichen Betriebsbedingungen zu testen, wurden rohrseitig Verdampfungsversuche mit Wasser sowie einem Wasser-Glycerin Gemisch durchgeführt und der Betriebsdruck zwischen $0{,}2\ bar \leq p_{BA} \leq 1\ bar$ variiert. Eine Übersicht der Versuche ist in Tab. 3.3 dargestellt. Da der Spanndraht bzw. das hiTRAN-Insert mit Thermoelementen erst nach Beginn des Versuchsprogramms in der Anlage verwendet wurden, stehen die Kernströmungstemperaturen nicht bei allen Messungen zur Verfügung.

Tab. 3.3: Übersicht über die durchgeführten Naturumlaufverdampferversuche

Untersuchtes Rohr / Insert	Versuchsmedium Produktseite	Heizmedium	Betriebsdruck [bar]	ΔT [K]	$T_{Kernströmung}$ gemessen
Glattrohr	Wasser	Wasser	0,2	3 - 30	ja
			0,31	5 - 23	ja
			0,47	6 - 17	ja
		Hexanol	1	10 - 40	nein
	Wasser-Glycerin	Wasser	0,2	10 - 25	ja
		Hexanol	1	10 - 40	nein
Innenberipptes Rohr	Wasser	Wasser	0,2	4 - 15	ja
			0,47	4 - 10	ja
		Hexanol	1	10 - 38	ja
	Wasser-Glycerin	Wasser	0,2	8 - 25	ja
		Hexanol	1	10 - 30	ja
hiTRAN-CG210	Wasser	Wasser	0,2	5 - 15	ja
		Hexanol	1	10 - 40	nein
	Wasser-Glycerin	Wasser	0,2	10 - 25	ja
		Hexanol	1	10 - 30	nein

Mit Hilfe der durchgeführten Versuche können typischerweise auftretende Betriebsbedingungen für Naturumlaufverdampfer dargestellt werden. Eine Verringerung des Betriebsdrucks im Brüdenabscheider führt zu einer stärkeren Unterkühlung der Flüssigkeit am Einlauf des Verdampferrohrs, wodurch sich die benötigte Rohrlänge bis zum Beginn des Siedens vergrößert. Weiterhin verringert sich die Dichte des Dampfes, so dass sich der Dampfvolumenstrom am Austritt des Verdampferrohrs gegenüber größeren Drücken bei gleichem übertragenen Wärmestrom erhöht. Bei Verwendung des Wasser-Glycerin Gemisches wird die Eignung des Inserts bzw. der Rohre für ein weitsiedendes Gemisch getestet. Neben dem örtlichen Leichtsiedergehalt wirkt sich auch der Einfluss der gegenüber den Wassermessungen erhöhten Viskosität auf den Wärmeübergang sowie den Druckverlust aus.

3.3.2 Ermittlung der integralen Wärmeströme

Zur Bestimmung des rohrseitigen Wärmeübergangs sind die integral übertragenen Wärmeströme zu ermitteln. Produktseitig ergibt sich der übertragene Wärmestrom aus dem verdampften Kopfproduktstrom. Zusätzlich werden die Unterkühlung des Feeds sowie die Abkühlung der dem Verdampferrohr zulaufenden Flüssigkeit berücksichtigt.

$$\dot{Q}_{Prod} = h_{vl,Prod} \cdot \dot{M}_{Prod} + \dot{M}_{Prod} \cdot c_p \cdot \left(T_{Feed,vl} - T_{Feed,ein}\right) + \dot{M}_{Umlauf} \cdot c_p \cdot \left(T_{Ba,vl} - T_{VR,ein}\right) \quad (3.6)$$

Der Massenstrom des Kopfproduktes wird graphisch mit Hilfe eines Makros in Excel aus der zeitlichen Änderung des Waagengewichts ermittelt, siehe Abb. 3.3.

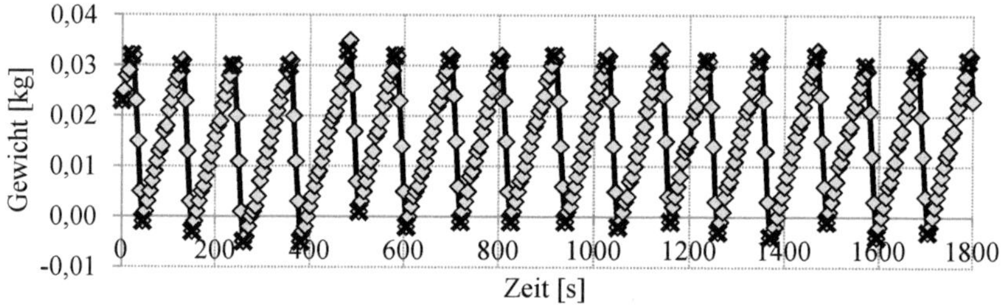

Abb. 3.3: Graphische Erfassung des Kopfproduktstroms

Der Massenstrom wird dabei aus der Massendifferenz zwischen den lokal ermittelten Maxima und Minima bei zunehmendem Gewicht mit den zugehörigen Zeitdifferenzen bestimmt. Aus den einzelnen Massenströmen wird der Mittelwert über die Versuchsdauer berechnet. Durch diese Art der Auswertung können kurzzeitige Schwankungen des Kopfproduktstroms eliminiert werden. Um bei der Verdampfung von Zweistoffgemischen die Abreicherung des

Leichtsieders zu verringern, erfolgt die Bilanzierung der Wärmeströme mit einer Massendifferenz von etwa 30 g.

Zur Validierung des übertragenen Wärmestroms wird auf der Heizseite ebenfalls der Wärmestrom ermittelt. Die Erfassung des Heizkondensatmassenstroms erfolgt analog der Massenstromerfassung auf der Produktseite. Der heizseitige Wärmestrom ergibt sich zu:

$$\dot{Q}_{Heiz} = h_{vl,Heiz} \cdot \dot{M}_{Heiz} + \dot{M}_{Heiz} \cdot c_p \cdot \left(T_{Heiz,vl} - T_{Kond}\right). \tag{3.7}$$

Hierbei wird die Kondensatabkühlung zur Aufheizung des Produktes berücksichtigt. Auf der Heizseite erfolgt die Bilanzierung mit einer Massendifferenz von 150 g. Die Messung wird zur Ermittlung des Wärmeübergangs verwendet, wenn gilt:

$$Abw_{\dot{Q}} = \left| \frac{\dot{Q}_{Heiz} - \dot{Q}_{Prod}}{\dot{Q}_{Prod}} \right| \leq 0{,}15 \tag{3.8}$$

3.3.3 Ermittlung der Wärmeströme und Wärmeübergangskoeffizienten in der Aufheiz- und Verdampfungszone

Zur Ermittlung des einphasig übertragenen Wärmestroms kann bei Verwendung des Thermoelementspanndrahts oder des mit Thermoelementen bestückten hiTRAN-Inserts das Temperaturprofil der Kernströmung verwendet werden. Hierbei wird angenommen, dass die gemessenen Temperaturen hinreichend genau mit den mittleren kalorischen Kernströmungstemperaturen übereinstimmen. Die Auswertung des Temperaturprofils erfolgt automatisiert, um für alle Versuche eine objektive Ermittlung des Temperaturprofils zu erhalten. Der Temperaturverlauf im Naturumlaufverdampfer kann dabei sowohl in der Aufheizzone als auch in der Verdampfungszone gut anhand einer linearen Funktion beschrieben werden, siehe Abb. 3.4.

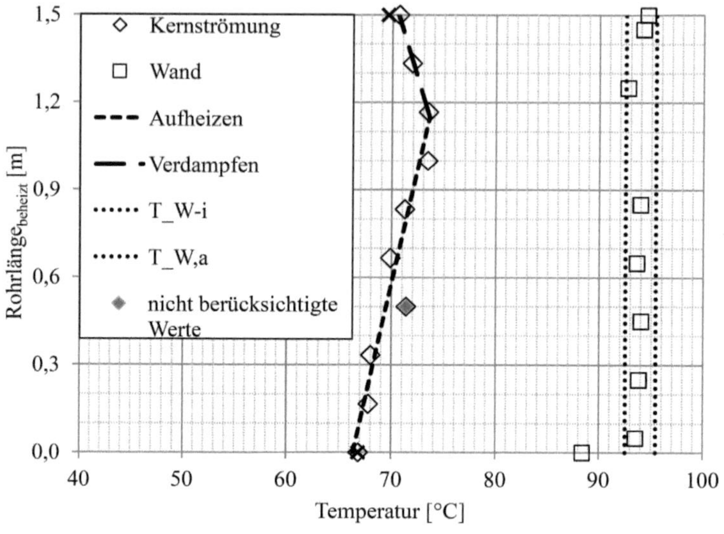

Abb. 3.4: Beispiel eines Temperaturprofils der Kernströmung und der Rohrwand, Versuchsmedium: Wasser-Glycerin, 0,2 bar, $h_s^* = 100$ %, Heizmedium: Wasser, $\Delta T = 25$ K

Zur automatisierten Ermittlung des Temperaturprofils wird zunächst die höchste erreichte Temperatur in der Kernströmung bestimmt. Sowohl für die konvektive Zone als auch im Bereich der Verdampfung werden unter Einbeziehen dieses Punktes Ausgleichsgeraden durch die Messwerte gelegt. Bei der Verwendung des Spanndrahtes ist es insbesondere am Eintritt des Verdampferrohrs möglich, dass dieser an der Verdampferrohrwand anliegt und somit im Vergleich zur Kernströmung eine erhöhte Temperatur an dieser Stelle erfasst wird. Um diesen Fehler zu reduzieren, werden Messwerte in der konvektiven Zone, die im Vergleich zur folgenden Messstelle eine höhere Temperatur aufweisen, bei der Ermittlung der Ausgleichsgeraden nicht berücksichtigt. Aus dem Schnittpunkt beider Geraden ergibt sich die geringste Temperaturdifferenz zwischen der Kernströmung und der Wandtemperatur, der Pinch-Punkt. Ab diesem Punkt erfolgt mit zunehmender Rohrlänge Sieden in der Kernströmung und die Temperaturen sind die Sättigungstemperaturen der im Gleichgewicht stehenden dampfförmigen und flüssigen Phase. Der Wärmestrom der einphasigen Aufheizung lässt sich aus der Temperaturdifferenz zwischen Verdampferrohreintritt $T_{VR,ein}$ und Pinch-Punkt T_{Pinch} sowie des Umlaufmassenstroms und der spezifischen Wärmekapazität des Versuchsmediums berechnen zu:

$$\dot{Q}_{Aufh} = \dot{M}_{Umlauf} \cdot c_p \cdot \left(T_{Pinch} - T_{VR,ein}\right). \tag{3.9}$$

In Gl. (3.9) als auch in den folgenden Gleichungen werden die rechnerisch ermittelten Temperaturen der Ausgleichsgeraden sowie die rechnerisch bestimmte Position des Siedebeginns verwendet. Aus der Differenz zwischen dem produktseitig erfassten und dem Wärmestrom der Aufheizzone ergibt sich der übertragene Wärmestrom der Verdampfungszone zu:

$$\dot{Q}_{Verd} = \dot{Q}_{Prod} - \dot{Q}_{AUfh}. \tag{3.10}$$

Die Wärmestromdichten der Aufheiz- und Verdampfungszone bezogen auf die Innenfläche des Verdampferrohrs berechnen sich mit der Länge der Aufheizzone zu:

$$\dot{q}_{i,Aufh} = \frac{\dot{Q}_{Aufh}}{\pi \cdot d_i \cdot L_{Aufh}}, \tag{3.11}$$

$$\dot{q}_{i,Verd} = \frac{\dot{Q}_{Verd}}{\pi \cdot d_i \cdot (1{,}5 - L_{Aufh})}. \tag{3.12}$$

Zur Ermittlung der Wärmeübergangskoeffizienten ist die Wandtemperatur des Verdampferrohrs erforderlich. Diese ist aus dem übertragenen Wärmestrom und der erfassten mittleren Temperatur in der Verdampferrohrwand mit Hilfe der Rohrformel zu berechnen.

$$T_{W,i} = -\frac{\dot{Q}_{Prod} \cdot \ln\left(r_{Therm,mittelw} / r_i\right)}{\lambda_{VR} \cdot 2 \cdot \pi \cdot L_{Aufh}} + T_{Therm,mittelw} \tag{3.13}$$

Der rohrseitige Wärmeübergangskoeffizient der Aufheizzone ergibt sich schließlich zu:

$$\alpha_{i,Aufh} = \frac{\dot{q}_{i,Aufh}}{T_{W,i} - \left(T_{Pinch} + T_{VR,ein}\right)/2}. \tag{3.14}$$

Da ein linearer Verlauf des Temperaturprofils zu erkennen ist, wird die gemittelte Temperaturdifferenz zwischen Rohrwand und Kernströmung zur Bestimmung des produktseitigen Wärmeübergangskoeffizienten verwendet. Die Ermittlung des Wärmeübergangskoeffizienten in der Verdampfungszone erfolgt analog mit der Wärmestromdichte nach Gl. (3.12) und der gemittelten Temperaturdifferenz zwischen Pinch-Punkt und Rohraustritt. Auf diese Weise erhält man flächengemittelte Wärmestromdichten und damit Wärmeübergangskoeffizienten jeweils für die Aufheiz- und Verdampfungszone.

3.3.4 Ermittlung des zweiphasigen Druckverlustes

In der Verdampfungszone wird ein Gleichgewicht zwischen Flüssigkeit und Dampfphase angenommen. Bei Reinstoffversuchen ist somit der lokale Druck aus der Temperaturmessung durch Gl. (A.9) im Anhang berechenbar. Der Druckverlust der zweiphasigen Strömung im Verdampferrohr beträgt

$$\Delta p_{2Ph} = p_{Pinch}\left(T_{Pinch}\right) - p_{VR,aus}\left(T_{VR,aus}\right). \tag{3.15}$$

Am Pinch-Punkt beginnt die Zone der Verdampfung. Es wird angenommen, dass sich an dieser Stelle die ersten Dampfblasen bilden und der Massenstromdampfgehalt $\dot{x}_{Pinch} = 0$ beträgt. Der Flüssigkeitsmassenstrom entspricht dem am Eintritt des Verdampferrohrs. In der Verdampfungszone entsteht die Dampfphase aufgrund der Wärmezufuhr als auch durch eine mit dem Druckabfall einhergehende Flashverdampfung. Der Dampfmassenstrom am Austritt des Verdampferrohrs ergibt sich somit zu:

$$\dot{M}_{vap,VR,aus} = \frac{\dot{Q}_{Verd}}{h_{vl}} + \frac{\dot{M}_{liq,VR,ein} \cdot c_p \cdot \left(T_{Pinch} - T_{VR,aus}\right)}{h_{vl}}, \tag{3.16}$$

der Flüssigkeitsmassenstrom zu

$$\dot{M}_{liq,VR,aus} = \dot{M}_{liq,VR,ein} - \dot{M}_{vap,VR,aus}. \tag{3.17}$$

Zur Modellierung des zweiphasigen Druckverlustes (siehe Kap. 5) werden sowohl bei der Dampf- als auch bei der Flüssigphase die mittleren Massenströme sowie die Stoffdaten bei mittlerem Druck und mittlerer Temperatur zwischen Pinch-Punkt und Verdampferrohraustritt verwendet.

4 Experimentelle Ergebnisse

4.1 Fluiddynamik

Die Ermittlung der einphasigen Druckverluste erfolgte in der Fluiddynamik-Versuchsanlage (siehe Kapitel 3). Zur Realisierung eines möglichst großen Bereichs der Reynolds-Zahl wurden Wasser und Wasser-Glycerin Gemische als Versuchsmedien verwendet.

4.1.1 Einphasiger Druckverlust des Glattrohrs

Um die Messungen zu validieren, erfolgten zunächst Druckverlustmessungen in einem glatten Rohr aus Polymethylmethacrylat mit einem Innendurchmesser $d_i = 0{,}016$ m. Die Ergebnisse der Druckverlustmessungen des Glattrohrs sind in Abb. 4.1 dargestellt.

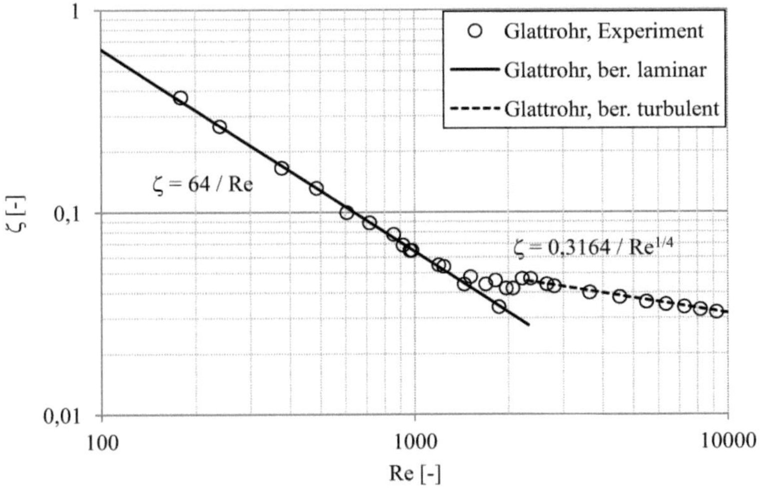

Abb. 4.1: Widerstandsbeiwert im durchströmten Glattrohr

Bei der experimentellen Ermittlung des Widerstandsbeiwerts im Glattrohr konnte ein Strömungsbereich von $180 \leq Re \leq 9200$ realisiert werden. Die experimentell ermittelten Widerstandsbeiwerte des Glattrohrs zeigen eine gute Übereinstimmung mit Berechnungskorrelationen im laminaren Bereich mit $\zeta = 64 / Re$. In einem Strömungsbereich $1690 \leq Re \leq 2070$ weisen die Messdaten auf einen Umschlag von laminarer Strömung zu turbulenter Strömung hin. In der Literatur [Schlichting, 2006] ist dieser Umschlagspunkt für glatte Rohre mit $Re \approx 2300$ angegeben. Ein Grund für den bei geringeren Reynolds-Zahlen auftretenden Umschlag könnte die in der Fluiddynamikanlage verwendete Zahnradpumpe und die durch geringe Pulsationen resultierende Störung der laminaren Strömung sein. Für Strömungen mit Re ≥ 2215 zeigen die Messwerte eine gute Übereinstimmung mit dem Gesetz von Blasius für glatte Rohre mit $\zeta = 0{,}3164 / Re^{1/4}$. Die Zuverlässigkeit der experimentell ermittelten Widerstandsbeiwerte in der Fluiddynamikanlage kann somit durch die Messungen des Glattrohrs bestätigt werden.

4.1.2 Einphasiger Druckverlust der Turbulenzpromotoren

Um die Eignung verschiedener Turbulenzpromotoren bzw. Einbauten für den Naturumlauf zu bewerten, wurden einphasige Druckverluste für ein innenberipptes Kupferrohr, die Drahtgestrick-Inserts CG 210 und CG 212 sowie einen Kenics-Mischer ermittelt, siehe Abb. 4.2. Hierbei wird vereinfachend angenommen, dass die Änderung der durchströmten Querschnittsfläche durch Rippen oder Einbauten gegenüber dem Glattrohr vernachlässigbar ist. Sowohl bei Verwendung des hiTRAN-Inserts als auch beim innenberippten Rohr wird als durchströmte Querschnittfläche die des Glattrohrs genutzt. Die Bestimmung der Reynolds-Zahl erfolgt somit für alle Rohre und Einbauten mit einem Innendurchmesser von $d_i = 0{,}016$ m und einer auf das Glattrohr bezogenen mittleren Strömungsgeschwindigkeit.

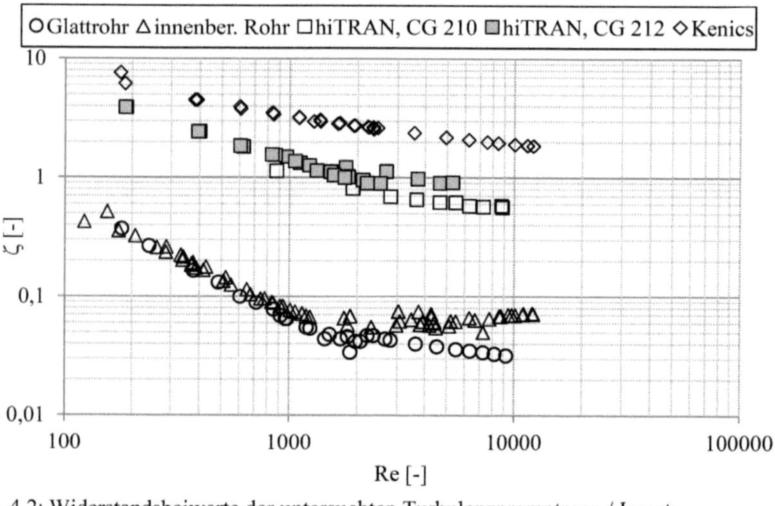

Abb. 4.2: Widerstandsbeiwerte der untersuchten Turbulenzpromotoren / Inserts

Im Vergleich zum Glattrohr weist das innenberippte Rohr im Bereich der laminaren Strömung ähnliche bzw. nur geringfügig erhöhte Widerstandsbeiwerte auf. Der Umschlag zwischen laminarem und turbulentem Strömungsverhalten lässt sich anhand der durchgeführten

Messungen nicht exakt bestimmen. Da bei Reynolds-Zahlen Re > 1700 Schwankungen des Widerstandsbeiwertes festzustellen sind, wird der Umschlagspunkt mit Re_{krit} = 1700 abgeschätzt. Im Übergangsbereich ist der Widerstandsbeiwert des innenberippten Rohrs bei einer Reynoldszahl von Re ≈ 9.000 etwa doppelt so groß wie bei dem Glattrohr. Dieses Verhalten lässt sich damit erklären, dass sich im Kerndurchmesser des Rohrs ein Strömungsprofil ausbildet und die Strömung im laminaren Bereich durch die Rippen nur geringfügig beeinflusst wird. Mit zunehmender Strömungsgeschwindigkeit kommt es durch die Rippen zu einer Störung der Strömungsgrenzschicht und damit zu einem erhöhten Druckverlust gegenüber dem Glattrohr.

Ein anderes Strömungsverhalten weisen die Drahtgestrickeinbauten und der Kenics-Mischer auf. Bereits bei Reynolds-Zahlen Re < 2300 sind die Widerstandsbeiwerte gegenüber dem Glattrohr um einen Faktor > 10 erhöht. Im Gegensatz zum Glattrohr ist kein Umschlag zwischen laminarem und turbulentem Strömungsverhalten zu erkennen. Dies ist durch die Funktionsweise der Inserts zu erklären, die bereits bei geringen Strömungsgeschwindigkeiten eine Quervermischung der Strömung mit einem damit verbundenen hohen Druckverlust induzieren. Aufgrund der hohen Druckverluste des Kenics-Mischers sowie des hiTRAN-Inserts CG 212 scheinen diese Einbauten als weniger geeignet für die Naturumlaufverdampfung und werden daher in der Verdampferanlage nicht untersucht.

4.1.3 Zweiphasiger Druckverlust

Im Folgenden werden die ermittelten zweiphasigen Reibungsdruckverluste der Fluiddynamikanlage für die untersuchten Inserts nach Tab. 3.1 vorgestellt, die aus [Kuzma-Kichta, 2011] entnommen sind. In Abhängigkeit vom Flüssigkeitsstrom konnten für das innenberippte Rohr maximale volumetrische Gasanteile von ε = 0,36 L Gas / L ges erreicht werden, siehe Abb. 4.3. Der volumetrische Gasanteil ist definiert als der Volumenstrom des Gases bezogen auf den Gesamtvolumenstrom am Eintritt des Versuchsrohrs. Schlupf und eine volumetrische Ausdehnung der Gasphase in axialer Strömungsrichtung werden nicht berücksichtigt.

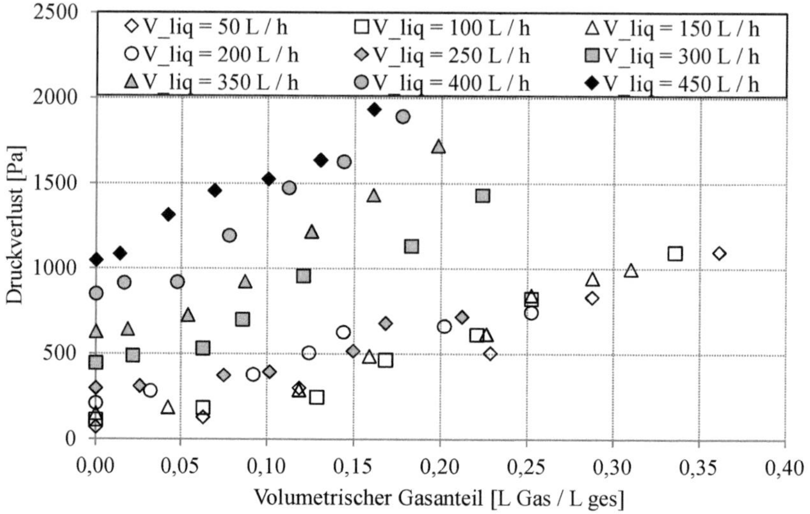

Abb. 4.3: Zweiphasige Reibungsdruckverluste bei Verwendung des innenberippten Rohrs

Mit zunehmendem Volumenstrom der flüssigen Phase nimmt der in der Versuchsanlage realisierbare volumetrische Gasanteil ab. Bei einem Flüssigkeitsstrom von 450 L / h kann maximal ein volumetrischer Gasanteil von ε = 0,16 L Gas / L ges erreicht werden. Der zweiphasige Reibungsdruckabfall weist eine Zunahme mit steigendem Flüssigkeitsstrom sowie steigendem volumetrischen Gasanteil auf. Im Bereich kleiner Flüssigkeitsvolumenströme von $V_{liq} \leq 250$ L / h sind die ermittelten Druckverluste für die jeweiligen Gasanteile sehr ähnlich und weisen für unterschiedliche Flüssigkeitsvolumenströme nur geringe Unterschiede auf. Ab $V_{liq} \geq 300$ L / h sind die Versuchsreihen klar zu unterscheiden. Es ist zu vermuten, dass sich insbesondere bei geringen Flüssigkeitsströmen ein Strömungsprofil mit fluiddynamischer Grenzschicht im Kerndurchmesser des berippten Rohrs entwickelt. Mit Erhöhung der Fluidgeschwindigkeit kommt es schließlich zu einer Störung der Grenzschicht mit Quervermischung und einem verstärkten Dispergieren der Phasen, begleitet durch eine Druckverlusterhöhung. Da beim innenberippten Rohr keine Zugänglichkeit während der Versuche besteht, kann diese Vermutung nicht durch optische Beobachtungen bestätigt werden. Im Vergleich zum innenberippten Rohr fallen die Druckverluste bei Verwendung des hiTRAN-Inserts deutlich größer aus, siehe Abb. 4.4.

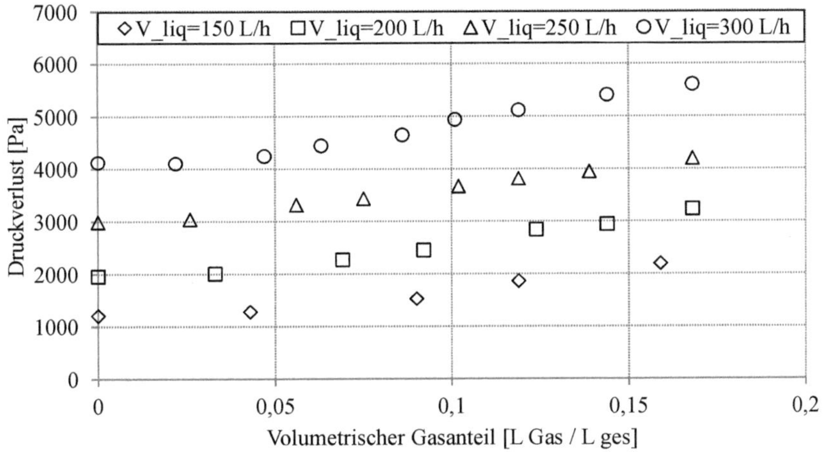

Abb. 4.4: Zweiphasige Reibungsdruckverluste bei Verwendung des hiTRAN-Inserts

Der zweiphasige Druckverlust nimmt für das hiTRAN-Insert mit zunehmendem volumetrischen Gasanteil nahezu linear zu und weist für die unterschiedlichen Flüssigkeitsvolumenströme eine ähnliche Steigung auf. Bei den Versuchen konnten im Vergleich zum Glattrohr die Schwankungen des zweiphasigen Druckverlustes bei Verwendung des hiTRAN-Inserts deutlich reduziert werden. Während beim Glattrohr insbesondere bei geringen Flüssigkeitsströmungen und hohen volumetrischen Gasgehalten ein Koaleszieren der Gasblasen beobachtet werden konnte, wurden die Gasblasen durch das hiTRAN-Insert zerteilt und in der Strömung dispergiert. Eine Pfropfenströmung mit entsprechend stark schwankenden zweiphasigen Druckverlusten konnte beim hiTRAN-Insert nicht beobachtet werden.

4.2 Naturumlaufverdampfung

In den folgenden Kapiteln sind die Ergebnisse der Naturumlaufmessungen dargestellt. Zunächst werden die Messungen mit Wasser als Versuchsmedium unter Verwendung des Glattrohrs als Referenz für die untersuchten Inserts gezeigt und das Betriebsverhalten des Verdampfers charakterisiert. Im Folgenden erfolgt ein Vergleich der Fluiddynamik sowie des Wärmeübergangs bei den jeweiligen Betriebsbedingungen für die untersuchten Turbulenzpromotoren und Inserts. Diese Gliederung ist bewusst gewählt, da aufgrund der Kopplung von Fluiddynamik und Wärmeübergang eine phänomenologische Trennung dieser Themen bei der Naturumlaufverdampfung nicht sinnvoll erscheint und einen Vergleich der untersuchten Rohre und Inserts für die verschiedenen Betriebsbedingungen erschweren würde. Das Versuchsprogramm deckt einen möglichst großen Anwendungsbereich von Naturumlaufverdampfern ab. Durch die Verwendung von Wasser wird die

Reinstoffverdampfung untersucht, wie sie beispielsweise bei Dampferzeugern im Sumpf von Rektifikationskolonnen auftreten kann. Mit Hilfe des Wasser-Glycerin Gemisches wird die Verdampfung eines weitsiedenden Gemisches realisiert, die bei der Verwendung des Apparates für die Stofftrennung typisch ist. Eine Übersicht der durchgeführten Naturumlaufmessungen ist in Tab. 3.2 dargestellt.

4.2.1 Referenzmessungen mit dem Glattrohr

Versuchsmedium Wasser

Zur Charakterisierung des Betriebsverhaltens der Versuchsanlage und als Vergleichsreferenz für die untersuchten Turbulenzpromotoren und Inserts wurde ein umfangreiches Versuchsprogramm unter Verwendung des Glattrohrs durchgeführt. Der Vergleich der produkt- und heizseitig erfassten Wärmeströme für das Versuchsmedium Wasser ist in Abb. 4.5 dargestellt.

Bei der Verwendung des Glattrohrs wurden integrale Wärmeströme $\leq$ 5 kW erreicht. Zeitweise trat auf der Heizseite aufgrund eines nicht vollständig geschlossenen Ventils eine fehlerhafte Erfassung des Heizkondensates bei einem Betriebsdruck von p = 0,31 bar auf. Aus diesem Grund werden im Folgenden die produktseitig erfassten Wärmeströme verwendet. Insgesamt ist eine gute Übereinstimmung zwischen heiz- und produktseitig ermittelten Wärmeströmen festzustellen. Die integralen Wärmestromdichten weisen eine starke Abhängigkeit von der globalen treibenden Temperaturdifferenz auf, siehe Abb. 4.6.

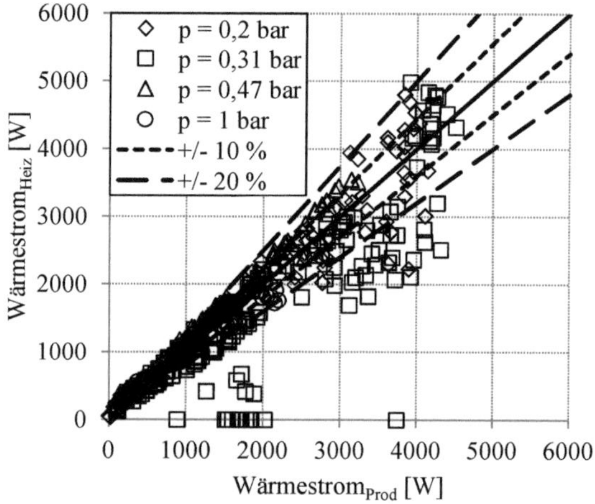

Abb. 4.5: Bilanz der Wärmeströme für das Glattrohr, Versuchsmedium: Wasser, alle Drücke

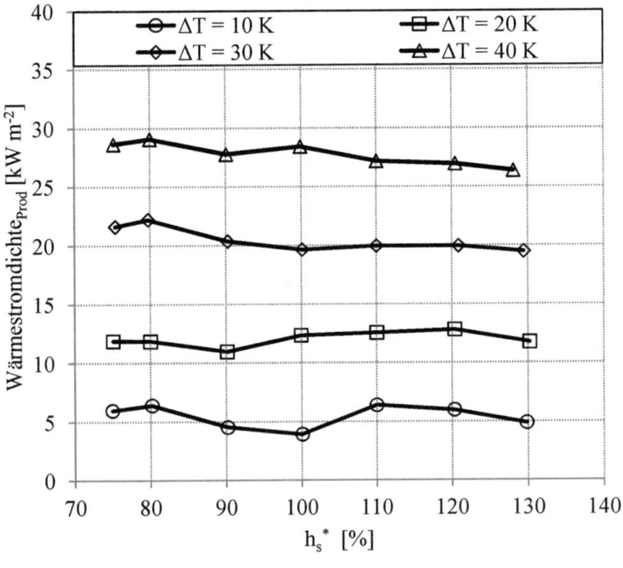

Abb. 4.6: Wärmestromdichte in Abhängigkeit vom scheinbaren Flüssigkeitsstand, Glattrohr, Versuchsmedium: Wasser, 1 bar, Heizmedium: Hexanol

Bei Normaldruck im Brüdenabscheider und Hexanoldampf als Heizmedium werden in Abhängigkeit der treibenden Temperaturdifferenz produktseitige Wärmestromdichten von $\dot{q} < 30$ kW m^{-2} erreicht. Die Wärmestromdichten weisen keine eindeutig erkennbare Abhängigkeit vom scheinbaren Flüssigkeitsstand auf. Im Gegensatz dazu ist ein deutlicher Einfluss des scheinbaren Flüssigkeitsstands auf die Rohreinlaufgeschwindigkeit feststellbar (Abb. 4.7). Eine maximale Rohreinlaufgeschwindigkeit von $w_{VR,ein} = 0{,}37$ m s^{-1} wurde mit der treibenden Temperaturdifferenz von $\Delta T = 40$ K gemessen. Mit zunehmender Temperaturdifferenz zwischen Heiz- und Produktseite geht eine Erhöhung der Rohreinlaufgeschwindigkeit einher. Für alle treibenden Temperaturdifferenzen ist mit Änderung des scheinbaren Flüssigkeitsstandes von $h_s^* = 75$ % auf $h_s^* = 110$ % eine Erhöhung der Rohreinlaufgeschwindigkeit zu beobachten. Mit Ausnahme der Messergebnisse für die treibende Temperaturdifferenz von $\Delta T = 10$ K stellt diese Rohreinlaufgeschwindigkeit das Maximum der jeweiligen Messreihe dar.

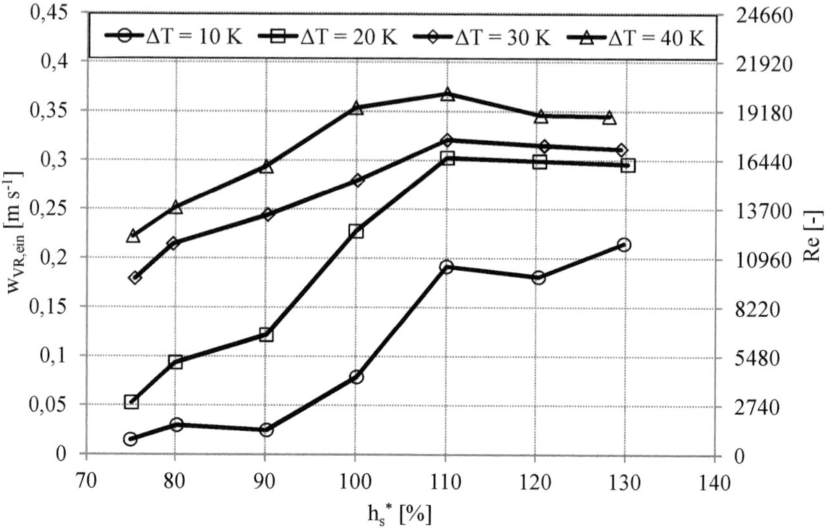

Abb. 4.7: Rohreinlaufgeschwindigkeit in Abhängigkeit vom scheinbaren Flüssigkeitsstand, Glattrohr, Versuchsmedium: Wasser, 1 bar, Heizmedium: Hexanol

Insbesondere bei niedrigen scheinbaren Flüssigkeitsständen von $h_s^* \leq 90$ % traten bei den Messungen verstärkt Schwankungen im Umlaufstrom sowie ein instabiles fluiddynamisches Betriebsverhalten mit kurzzeitigem Zusammenbruch des Umlaufs auf. Dieses Betriebsverhalten erklärt sich durch die Verringerung des Drucks im Zulauf des Verdampferrohrs. Bei kleinen treibenden Temperaturdifferenzen und den daraus folgenden geringen Dampfanteilen im Verdampferrohr führt der geringe Druckunterschied zwischen Zulauf und Verdampferrohr zu einem geringen, instabilem Naturumlauf mit zeitweisem Zusammenbruch des Umlaufstroms. Bei größeren treibenden Temperaturdifferenzen erhöht sich der Dampfanteil im Verdampferrohr. Ein instabiles, pulsierendes Umlaufverhalten tritt bei diesen Betriebsbedingungen durch große Druckverluste im Verdampfer- bzw. Brüdenrohr auf. Beide Effekte werden durch einen Betrieb des Verdampfers im Vakuum verstärkt. Aufgrund der stärkeren Flüssigkeitsunterkühlung im Zulauf des Verdampfers verlängert sich die konvektive Aufheizzone, was bei geringen treibenden Temperaturdifferenzen zu geringen Dampfgehalten führt. Hohe Dampfgehalte im Fall großer treibender Temperaturdifferenzen führen im Vakuumbetrieb aufgrund der geringen Dampfdichte zu erhöhten Druckverlusten im Verdampfer- und Brüdenrohr.

Wie in [Hammerschmidt, 2011] dargestellt, ist durch die Verwendung von Hexanoldampf als Heizmedium die Bestimmung des produktseitigen Wärmeübergangs aufgrund des niedrigen heizseitigen Wärmeübergangskoeffizienten mit großen Unsicherheiten belegt. Gleichzeitig wird die Naturumlaufverdampfung bei diesem Heizmedium stark durch den heizseitigen Wärmeübergang beeinflusst. Bei der Nutzung von Wasserdampf als Heizmedium ist der heizseitige Wärmeübergangswiderstand deutlich geringer und der Einfluss des produktseitigen Wärmeübergangswiderstands wird größer. Hierdurch werden bei gleichen treibenden Temperaturdifferenzen durch die Beheizung mit Wasser anstelle von Hexanol deutlich größere produktseitige Wärmestromdichten erreicht, siehe Abb. 4.8. Bei mehrfachen Messungen wurden alle Messwerte gemittelt und die Standardabweichung im Diagramm dargestellt. Bei den dargestellten produktseitigen Wärmestromdichten wird als Bezugsfläche die Rohrinnenfläche verwendet.

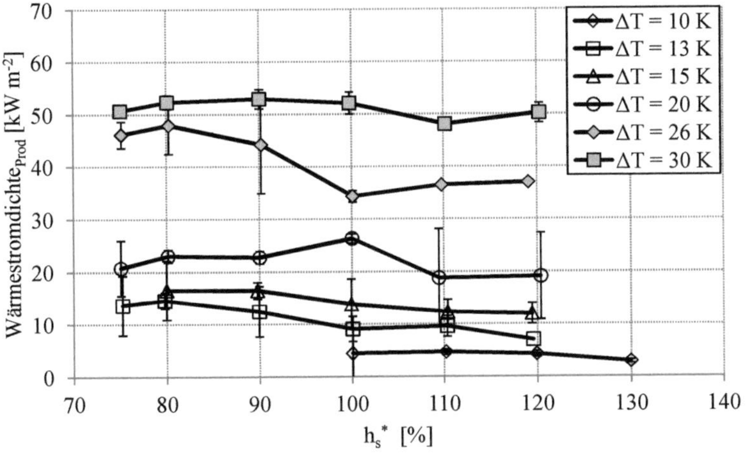

Abb. 4.8: Wärmestromdichte in Abhängigkeit vom scheinbaren Flüssigkeitsstand, Glattrohr, Versuchsmedium: Wasser, 0,2 bar, Heizmedium: Wasser

Mit zunehmender treibender Temperaturdifferenz erhöht sich die produktseitige Wärmestromdichte. Bei einer treibenden globalen Temperaturdifferenz von $\Delta T = 30$ K ist eine maximale Wärmestromdichte von $\dot{q} = 53$ kW m^{-2} festzustellen. Für alle treibenden Temperaturdifferenzen mit Ausnahme von $\Delta T = 20$ K werden die jeweils größten Wärmestromdichten bei scheinbaren Flüssigkeitsständen 80 % $\leq h_s^* \leq$ 90 % ermittelt. Die fluiddynamischen Ergebnisse der Versuche sind in Abb. 4.9 dargestellt.

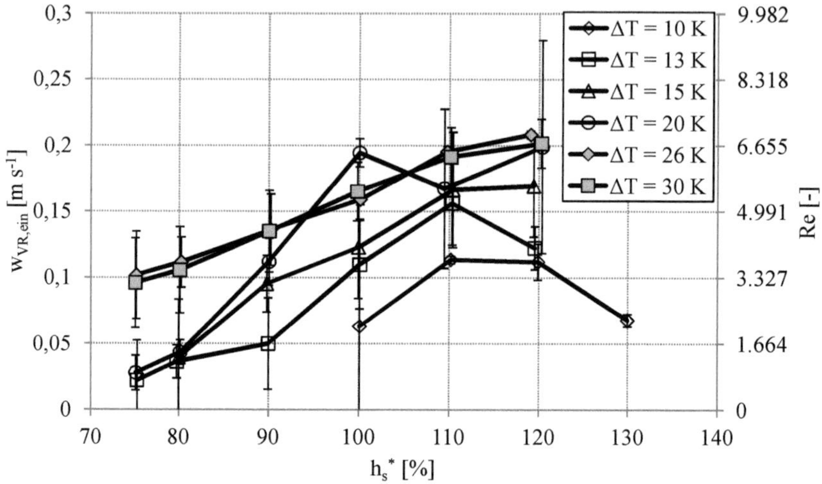

Abb. 4.9: Rohreinlaufgeschwindigkeit in Abhängigkeit vom scheinbaren Flüssigkeitsstand, Glattrohr, Versuchsmedium: Wasser, 0,2 bar, Heizmedium: Wasser

Die Rohreinlaufgeschwindigkeit weist für treibende Temperaturdifferenzen von $\Delta T \leq 20$ K einen typischen Verlauf auf, siehe Abb. 4.9. Mit steigendem scheinbaren Flüssigkeitsstand nimmt die Rohreinlaufgeschwindigkeit zu und erreicht ein Maximum bei $100\ \% \leq h_s^* \leq 120\ \%$. Der Naturumlauf bei diesen treibenden Temperaturdifferenzen ist durch die Wärmeübertragung limitiert; für $h_s^* \geq 80\ \%$ sind die jeweiligen Rohreinlaufgeschwindigkeiten bei höheren treibenden Temperaturdifferenzen und gleichen scheinbaren Flüssigkeitsständen größer. Mit weiter zunehmenden treibenden Temperaturdifferenzen ist eine Limitierung der Naturumlaufverdampfung aufgrund des Druckverlustes im Verdampfer- und Brüdenrohr festzustellen. Für $\Delta T \geq 26$ K nimmt die Rohreinlaufgeschwindigkeit linear mit steigendem scheinbaren Flüssigkeitsstand bis zu $h_s^* = 120\ \%$ zu. Ein signifikanter Unterschied der Rohreinlaufgeschwindigkeiten zwischen den treibenden Temperaturdifferenzen ist nicht erkennbar. Aufgrund der zweiphasigen Druckverluste durch die Zunahme des Dampfanteils ist trotz steigender Temperaturdifferenz keine Erhöhung der Rohreinlaufgeschwindigkeit festzustellen. Durch große scheinbare Flüssigkeitsstände ist die Flüssigkeit am Eintritt des Verdampferrohrs stärker unterkühlt und die konvektive Aufheizzone bis zum Erreichen des Siedens verlängert sich. Gleichzeitig verringert sich aufgrund des hydrostatischen Drucks der Flüssigkeitssäule der volumetrische Dampfanteil im Verdampferrohr und ein Teil der Flüssigkeit geht erst im Brüdenabscheider durch eine Flashverdampfung in die Dampfphase über. Die zweiphasigen Druckverluste durch die Dampfphase im Verdampfer- und Brüdenrohr fallen gegenüber den niedrigeren scheinbaren Flüssigkeitsständen geringer aus, was zu größeren Rohreinlaufgeschwindigkeiten führt.

Versuchsmedium Wasser-Glycerin

Im Folgenden werden die Versuchsergebnisse der Naturumlaufmessungen für das Stoffsystem Wasser-Glycerin vorgestellt. Für die Messungen wurde ein Wasser-Glycerin Gemisch mit einem Molanteil von x_{Gly} = 0,29 mol Gly mol^{-1} ges verwendet. Die Konzentrationsbestimmung in der flüssigen Phase erfolgte zwischen den Einzelmessungen der Flüssigkeitsstände durch eine Probennahme und eine Dichtemessung.

Im Vergleich zum Reinstoff Wasser werden ähnliche Wärmestromdichten bei Normaldruck ermittelt (Abb. 4.10).

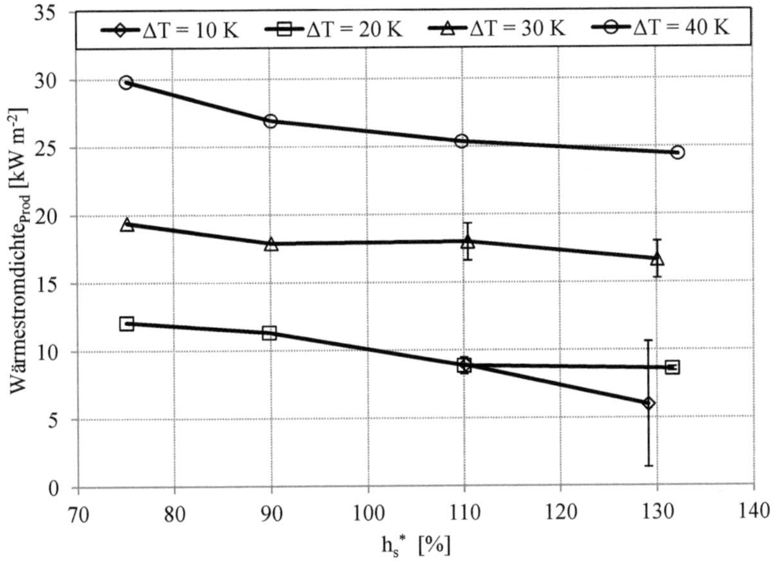

Abb. 4.10: Wärmestromdichte in Abhängigkeit vom scheinbaren Flüssigkeitsstand, Glattrohr, Versuchsmedium: Wasser-Glycerin, 1 bar, Heizmedium: Hexanol

Analog zu den Reinstoffversuchen mit Wasser ist eine starke Abhängigkeit der Wärmestromdichte von der treibenden Temperaturdifferenz festzustellen. Mit steigendem scheinbaren Flüssigkeitsstand sinkt der übertragene Wärmestrom, was beim Reinstoff Wasser nicht oder nur schwach auftrat, vgl. Abb. 4.6. Die ermittelten Rohreinlaufgeschwindigkeiten fallen im Vergleich zu den Wassermessungen mit Ausnahme der treibenden Temperaturdifferenz ΔT = 10 K etwas geringer aus, vgl. Abb. 4.11 und Abb. 4.7. Dieses fluiddynamische Verhalten lässt sich durch die gegenüber den Wassermessungen erhöhte Viskosität und den daraus folgenden größeren Reibungsdruckverlusten erklären. Insgesamt ist anhand der Rohreinlaufgeschwindigkeiten und der ermittelten Wärmestromdichten bei diesen Versuchsbedingungen keine Limitierung der Naturumlaufverdampfung durch eine Verarmung des Leichtsieders an der Verdampferrohrwand festzustellen. So werden die größten Wärmestromdichten bei den jeweils kleinsten Rohreinlaufgeschwindigkeiten mit einem scheinbaren Flüssigkeitsstand von $h_s^* = 75$ % ermittelt. Bei einer Limitierung der Naturumlaufverdampfung durch eine Leichtsiederverarmung an der Verdampferrohrwand ist dagegen eine Verringerung der Wärmestromdichte insbesondere bei einer langen Verdampfungszone und somit bei niedrigen scheinbaren Flüssigkeitsständen zu erwarten.

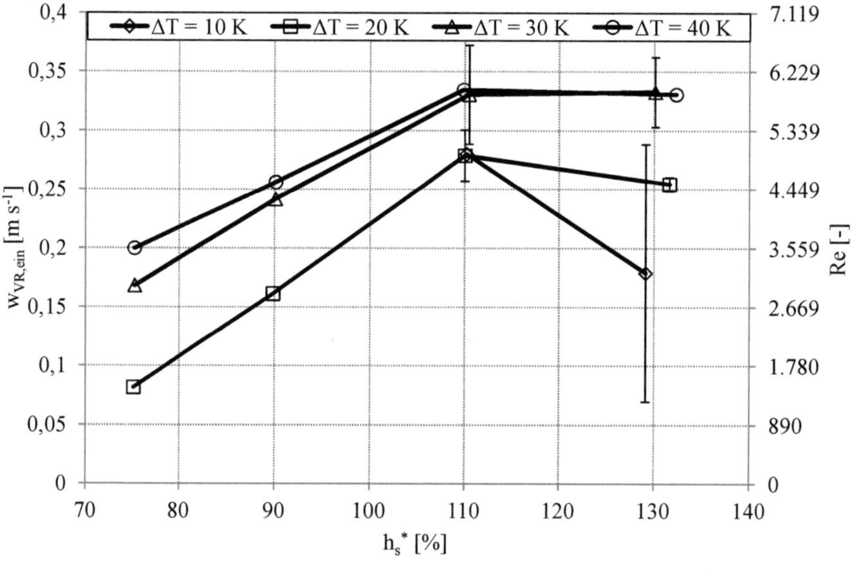

Abb. 4.11: Rohreinlaufgeschwindigkeit in Abhängigkeit vom scheinbaren Flüssigkeitsstand, Glattrohr, Versuchsmedium: Wasser-Glycerin, 1 bar, Heizmedium: Hexanol

Um den Einfluss des innenberippten Rohrs sowie des hiTRAN-Inserts auf die Naturumlaufverdampfung darzustellen, sind in den folgenden Kapiteln der Wärmeübergang sowie die Fluiddynamik für die jeweiligen Betriebsbedingungen den Ergebnissen des Glattrohrs vergleichend gegenübergestellt.

4.2.2 Wasser, 0,2 bar

Integrale Wärmestromdichte

Zur übersichtlichen Darstellung der übertragenen Wärmeströme sind in Abb. 4.12 die Wärmestromdichten für die jeweiligen Versuchsreihen einer treibenden Temperaturdifferenz gemittelt. Die treibende Temperaturdifferenz ist hierbei definiert als die Differenz der ermittelten Flüssigkeitstemperatur im Brüdenabscheider und der Heizdampftemperatur. In den eingetragenen Schwankungsbreiten werden neben den Abweichungen von Wiederholungsmessungen mit gleichen Betriebsbedingungen auch Abweichungen der Wärmestromdichten durch unterschiedliche scheinbare Flüssigkeitsstände berücksichtigt. Da für alle untersuchten Versuchsrohre und das Insert die gleichen scheinbaren Flüssigkeitsstände in den jeweiligen Versuchsreihen eingestellt wurden, ist eine Vergleichbarkeit der Messwerte gegeben.

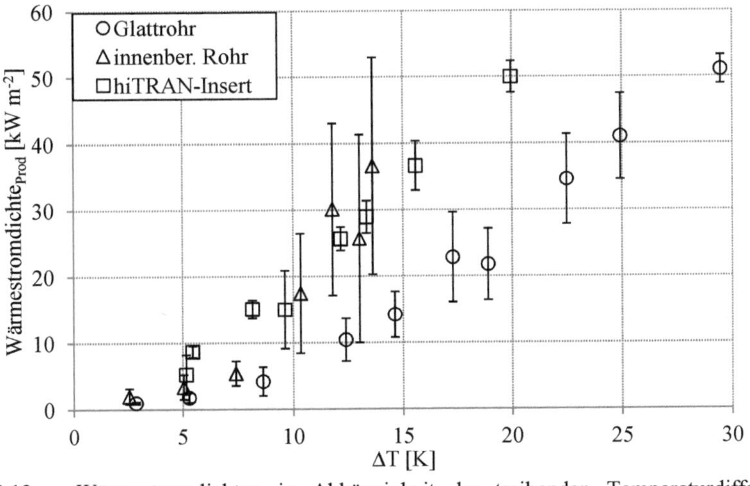

Abb. 4.12: Wärmestromdichten in Abhängigkeit der treibenden Temperaturdifferenz, Versuchsmedium: Wasser, 0,2 bar, Heizmedium: Wasser, Schwankungsbreite: Wiederholungsversuche und Variation der scheinbaren Flüssigkeitsstände

Im Bereich kleiner treibender Temperaturdifferenzen $\Delta T \approx 3$ K ist zwischen dem innenberippten Rohr sowie dem Glattrohr kein signifikanter Unterschied in der produktseitigen Wärmestromdichte erkennbar. Bei einer treibenden Temperaturdifferenz von $\Delta T \approx 5$ K ändert sich dieses. Mit $\dot{q}_{prod} \approx 3400$ W m^{-2} weist das innenberippte Rohr gegenüber dem Glattrohr eine etwa doppelt so hohe Wärmestromdichte auf. Durch Verwendung des hiTRAN-Inserts ist eine weitere Steigerung der Wärmestromdichte auf $\dot{q}_{prod} \approx 8700$ W m^{-2} bei einer treibenden Temperaturdifferenz von $\Delta T \approx 5{,}4$ K möglich. Bis zu einer treibenden

Temperaturdifferenz von $\Delta T < 10$ K weist das Drahtgestrick-Insert gegenüber dem glatten und dem innenberippten Rohr höhere produktseitige Wärmestromdichten auf. Dies ändert sich mit Erreichen der treibenden Temperaturdifferenz von $\Delta T \approx 10$ K. Für diese Betriebsbedingungen ist der übertragene Wärmestrom bei Verwendung des innenberippten Kupferrohrs gegenüber dem des hiTRAN-Inserts leicht erhöht. Dieser Trend setzt sich mit weiter zunehmenden treibenden Temperaturdifferenzen fort. Ab einer treibenden Temperaturdifferenz von $\Delta T \approx 15$ K konnten die Versuche mit dem innenberippten Rohr nicht weitergeführt werden, da die Heizleistung des Siedethermostaten zur Aufrechterhaltung eines konstanten Heizdampfdruck nicht ausreichend war. So weist die Wärmestromdichte bei Verwendung des innenberippten Rohrs eine starke Abhängigkeit vom scheinbaren Flüssigkeitsstand auf, wie auch an der Standardabweichung zu erkennen ist. Mit sinkendem scheinbaren Flüssigkeitsstand ist bei diesen Betriebsbedingungen eine deutliche Zunahme der Wärmestromdichte festzustellen. Bei einer eingestellten Temperaturdifferenz von $\Delta T \approx 15$ K wurde beim innenberippten Rohr eine Überschreitung der Heizleistung des Siedethermostaten einhergehend mit einem Druckabfall auf der Heizseite festgestellt, so dass für diese Messreihe eine mittlere Temperaturdifferenz von $\Delta T = 13{,}5$ K ermittelt wurde. Die Wärmestromdichte für das innenberippte Rohr beträgt hierfür $\dot{q}_{prod} \approx 36{,}6\ \mathrm{kW\,m^{-2}}$. Zum Erreichen einer ähnlichen Wärmestromdichte sind bei Verwendung des hiTRAN-Inserts eine treibende Temperaturdifferenz von $\Delta T \approx 15{,}5$ K sowie ein $\Delta T > 22{,}4$ K bei Verwendung des Glattrohrs erforderlich. Das hiTRAN-Insert weist gegenüber dem innenberippten Rohr keine ausgeprägte Abhängigkeit der Wärmestromdichte vom scheinbaren Flüssigkeitsstand auf. Bei einer treibenden Temperaturdifferenz von $\Delta T = 19{,}9$ K wird mit $\dot{q}_{prod} \approx 50\ \mathrm{kW\,m^{-2}}$ die maximal ermittelte Wärmestromdichte einer Versuchsreihe erreicht. Eine ähnliche Wärmestromdichte wird mit dem Glattrohr bei einer treibenden Temperaturdifferenz von $\Delta T \approx 29{,}4$ K ermittelt.

Bezogene Wärmestromdichten der Aufheiz- und Verdampfungszone

Um ein tiefergehendes Verständnis über die produktseitige Wärmeübergangsverbesserung der Turbulenzpromotoren zu erhalten, sind in Abb. 4.13 die auf die produktseitige Wärmeübergangsfläche bezogenen gemittelten Wärmestromdichten der Aufheiz- und Verdampfungszone aller Einzelversuche der jeweiligen treibenden Temperaturdifferenz dargestellt.

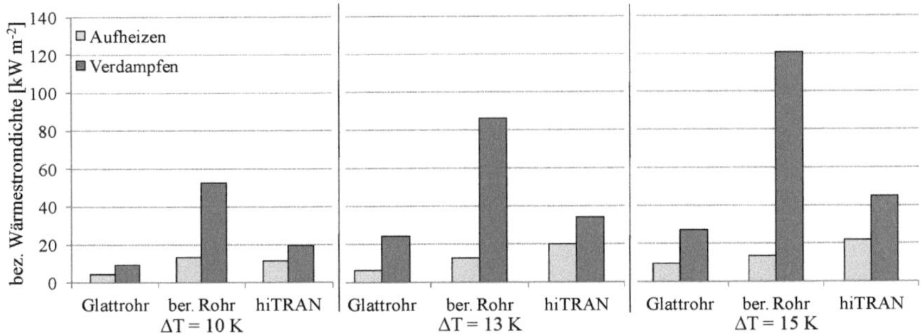

Abb. 4.13: Bezogene produktseitige Wärmestromdichten der Turbulenzpromotoren, Versuchsmedium: Wasser, 0,2 bar, Heizseite: Wasser

Die bezogenen Wärmestromdichten der untersuchten Versuchsrohre und des Inserts unterscheiden sich stark. Das Glattrohr weist für eine treibende Temperaturdifferenz von $\Delta T = 10$ K eine Wärmestromdichte von 4,4 kW m^{-2} für die Aufheiz- und 9,4 kW m^{-2} für die Verdampfungszone auf. Nach einer Vergrößerung der treibenden Temperaturdifferenz auf $\Delta T = 13$ K ist vor allem eine Zunahme der Wärmestromdichte in der Verdampfungszone um einen Faktor von mehr als 2,5 feststellbar, während die Vergrößerung der Wärmestromdichte in der Aufheizzone geringer ausfällt. Eine Erklärung für dieses Verhalten ist die Aktivierung von Keimstellen zur Dampfblasenbildung an der Verdampferrohrwand aufgrund der gestiegenen Wandtemperatur. Bei weiterer Erhöhung der Heizdampftemperatur nehmen die Wärmestromdichten sowohl in der Aufheiz- als auch in der Verdampfungszone zu. Das innenberippte Rohr zeichnet sich gegenüber dem Glattrohr vor allem durch eine Erhöhung des in der Verdampfungszone übertragenen Wärmestroms aus. Bei einer treibenden Temperaturdifferenz von $\Delta T = 10$ K ist die Wärmestromdichte mit 52,7 kW m^{-2} um einen Faktor von 5,6 gegenüber dem Glattrohr erhöht, während in der Aufheizzone ein Faktor von 3 gegenüber dem Glattrohr erreicht wird. Mit steigender treibender Temperaturdifferenz nimmt die Wärmestromdichte des berippten Rohrs in der Verdampfungszone deutlich zu, wohingegen sich der Wärmestrom in der Aufheizzone nur geringfügig erhöht. Die Rohreinlaufgeschwindigkeit hat bei diesen Betriebsbedingungen nur einen geringen Einfluss auf den einphasigen Wärmeübergang, vgl. Abb. A.2.10. Die größte Rohreinlaufgeschwindigkeit wird bei einer treibenden Temperaturdifferenz von 10 K ermittelt; für die untersuchten treibenden Temperaturdifferenzen ähneln sich die qualitativen und quantitativen Geschwindigkeitsverläufe. Deutlich stärker beeinflusst der integral übertragene Wärmestrom die Wärmeübergangskoeffizienten auf der Heiz- und Produktseite im Bereich der Aufheizzone. Bei großen integralen Wärmeströmen nehmen produktseitige und heizseitige Wärmeübergangskoeffizienten und damit auch die Wärmedurchgangskoeffizienten signifikant ab, vgl. Abb. A.2.11. Dies ist durch die Zunahme der heizseitigen Kondensatfilmdicke und der daraus resultierenden Zunahme des Wärmewiderstands auf der Heizseite zu erklären. Insgesamt ist beim innenberippten Rohr vor allem die Verbesserung des Wärmeübergangs in der Verdampfungszone für den integral übertragenen Wärmestrom ausschlaggebend. Neben der Wandüberhitzung und der daraus folgenden Aktvierung von Keimstellen zur Blasenbildung hat die Länge der Aufheizzone einen starken Einfluss auf die Wärmeübertragung im innenberippten Rohr. Hierbei ist zu bedenken, dass das innenberippte Rohr aufgrund des Materials eine deutlich verbesserte Wärmeleitfähigkeit aufweist als das Referenzrohr aus Edelstahl. Die Länge der Aufheizzone verringert sich mit Abnahme der Flüssigkeitsunterkühlung am Eintritt des Verdampferrohrs, welche beim Naturumlaufverdampfer durch eine Zunahme des Betriebsdrucks oder eine Abnahme des scheinbaren Flüssigkeitsstands erfolgen kann. Durch diese Effekte ist die starke Zunahme der übertragenen Wärmeströme durch sinkende scheinbare Flüssigkeitsstände bei Verwendung des innenberippten Rohrs zu erklären. Das hiTRAN-Insert verbessert den Wärmeübergang gegenüber dem Glattrohr sowohl in der Aufheiz- als auch in der Verdampfungszone. Während sich beim berippten Rohr der übertragene Wärmestrom in der Aufheizzone mit steigender treibender Temperaturdifferenz nur geringfügig vergrößert, erfolgt beim hiTRAN-Insert für kleine treibende Temperaturdifferenzen eine deutliche Erhöhung der Wärmestromdichte in der Aufheizzone von $\dot{q}_{prod,Aufh} = 11{,}3$ kW m^{-2} für $\Delta T = 10$ K auf $\dot{q}_{prod,Aufh} = 20{,}1$ kW m^{-2} für $\Delta T = 13$ K. Mit weiter steigender treibender Temperaturdifferenz ist nur eine geringe Zunahme des übertragenen Wärmestroms in der Aufheizzone feststellbar. Bei einer treibenden Temperaturdifferenz von $\Delta T = 20$ K beträgt die Wärmestromdichte in der Aufheizzone für das hiTRAN-Insert 23,7 kWm^{-2}. Ein Grund für die integrale Zunahme des übertragenen Wärmestroms mit steigender Heizdampftemperatur für Temperaturdifferenzen $\Delta T > 10$ K ist somit die Erhöhung des übertragenen Wärmestroms in der Verdampfungszone.

Länge der Aufheizzone

Der integral übertragene Wärmestrom ist neben der bezogenen Wärmestromdichte der Aufheiz- und Verdampfungszone abhängig von der Fläche, die für den jeweiligen Wärmeübergang zur Verfügung steht. Wie in Abb. 4.13 zu erkennen ist, werden für alle untersuchten Rohre sowie das hiTRAN-Insert deutlich größere Wärmeströme in der Verdampfungszone übertragen, so dass eine kurze Aufheizzone für die Übertragung eines großen integralen Wärmestroms anzustreben ist. In Abb. 4.14 sind die Temperaturprofile der Kernströmung für die untersuchten Turbulenzpromotoren dargestellt.

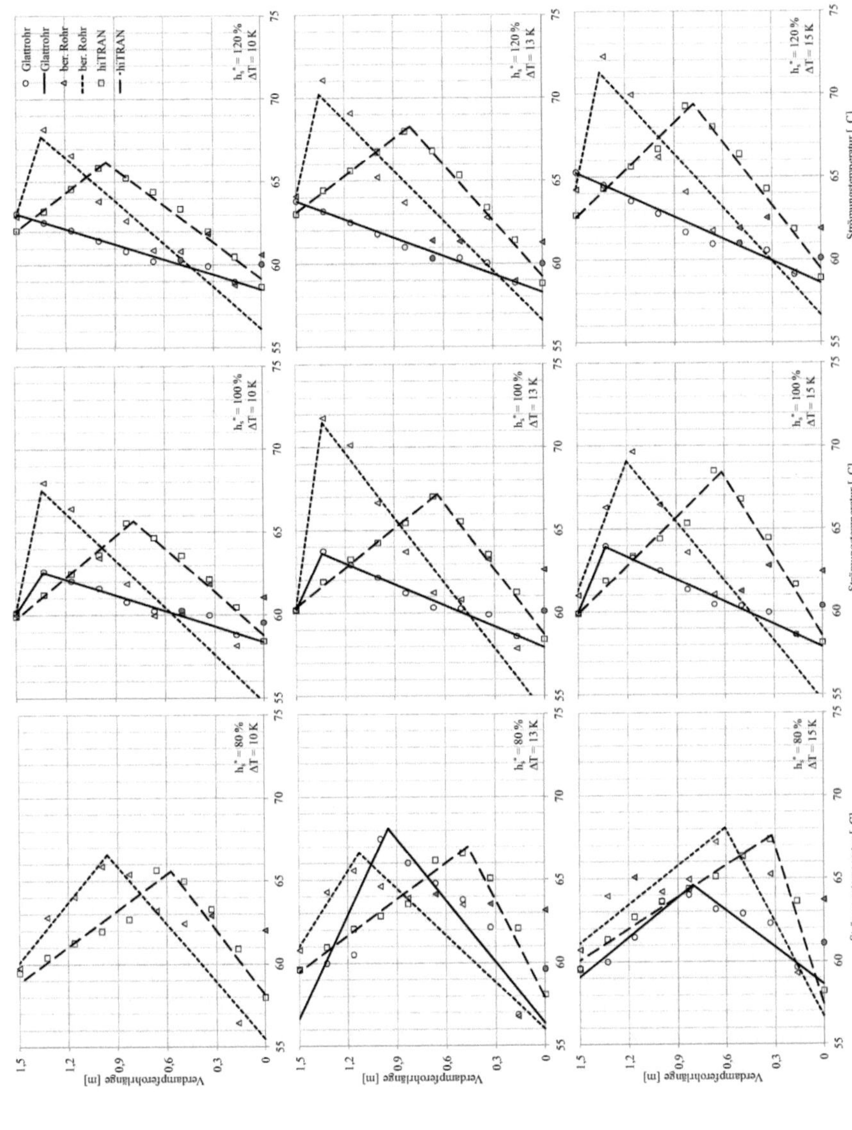

Abb. 4.14: Kernströmungstemperaturen, Versuchsmedium: Wasser, 0,2 bar, Heizseite: Wasser

Um eine übersichtliche Darstellung der Temperaturprofile zu ermöglichen sind, wie in Kapitel 3 dargestellt, die automatisch ermittelten Geraden der Aufheiz- und Verdampfungszone für die jeweiligen Turbulenzpromotoren in die Grafiken integriert. Nicht berücksichtigte Messwerte werden durch grau gefüllte Symbole gekennzeichnet. Der Einfluss des scheinbaren Flüssigkeitsstands sowie der treibenden Temperaturdifferenz auf das Temperaturprofil ist gut anhand der Messergebnisse des Glattrohrs zu erkennen. Mit sinkendem scheinbaren Flüssigkeitsstand sowie steigender treibender Temperaturdifferenz verringert sich die Länge der konvektiven Aufheizzone. Für einen scheinbaren Flüssigkeitsstand von $h_s^* = 120$ % erfolgt bei den in Abb. 4.14 dargestellten treibenden Temperaturdifferenzen keine Verdampfung im glatten Edelstahlrohr. Der Naturumlauf wird bei diesen Bedingungen durch eine Flashverdampfung im Brüdenrohr des Apparates angetrieben. Gegenüber dem Glattrohr sowie dem innenberippten Rohr weist das hiTRAN-Insert für alle Messungen eine deutlich verkürzte Zone mit einphasigem Wärmeübergang auf. Die Gründe hierfür liegen in den Druckverlusten und der daraus resultierenden Rohreinlaufgeschwindigkeit sowie dem Einfluss des Inserts auf den einphasigen Wärmeübergang. Durch den gegenüber dem Glattrohr erhöhten Druckverlust des Inserts verringert sich die Rohreinlaufgeschwindigkeit der zulaufenden Flüssigkeit und die mittlere Verweilzeit des Fluids im Verdampferrohr verlängert sich. Trotz der gegenüber dem Glattrohr geringeren Reynolds-Zahl wird beim hiTRAN-Insert durch Quervermischung ein guter produktseitiger Wärmeübergangskoeffizient erreicht, was zu einer Verkürzung der Aufheizzone führt. Mit zunehmender treibender Temperaturdifferenz ist für niedrige scheinbare Flüssigkeitsstände $h_s^* = 80$ % eine stärkere Zunahme der Kernströmungstemperatur in der Aufheizzone unter Verwendung des hiTRAN-Inserts festzustellen. Dies ist durch den verbesserten Wärmeübergang bei etwa gleich bleibenden Rohreinlaufgeschwindigkeiten zu erklären, siehe Abb. 4.15. Mit steigenden scheinbaren Flüssigkeitsständen erfolgt beim Drahtgestrick-Insert eine Zunahme der Rohreinlaufgeschwindigkeit. Hierdurch verbessert sich gegenüber den niedrigen scheinbaren Flüssigkeitsständen der Wärmeübergang in der Aufheizzone. Da sich jedoch gleichzeitig die Verweilzeit der Flüssigkeit im Verdampferrohr reduziert, verringert sich die Temperaturzunahme der Kernströmung in axialer Richtung. Die signifikante Verbesserung des integralen Wärmeübergangs bei Verwendung des hiTRAN-Inserts ist somit durch eine deutliche Verkürzung der konvektiven Einlaufzone gegenüber dem Glattrohr zu erklären.
Das innenberippte Rohr weist bei einem scheinbaren Flüssigkeitsstand von $h_s^* = 80$ % und einer treibenden Temperaturdifferenz $\Delta T = 13$ K eine längere Aufheizzone auf als das Glattrohr. Dies ändert sich durch eine Erhöhung der treibenden Temperaturdifferenz auf $\Delta T = 15$ K; die Länge der Aufheizzone liegt mit $h = 0{,}6$ m zwischen der des hiTRAN-Inserts und der des Glattrohrs. Mit steigenden scheinbaren Flüssigkeitsständen weist das innenberippte Rohr gegenüber dem Glattrohr ähnliche bzw. geringere Längen der Aufheizzone auf. Im Gegensatz zum Glattrohr wird bei einem scheinbaren Flüssigkeitsstand von $h_s^* = 120$ % der Siedezustand für alle in Abb. 4.14 vorgestellten treibenden Temperaturdifferenzen erreicht. Insgesamt ist festzustellen, dass die Temperaturprofile des

Glattrohrs sowie des innenberippten Rohrs teilweise Sprünge im Temperaturverlauf aufweisen. Diese Sprünge entstehen durch die Verwendung des mit Thermoelementen bestückten Spanndrahtes. Durch die radiale Beweglichkeit des Spanndrahtes im Verdampferrohr können bei Wandnähe einzelner Messstellen im Vergleich zur Kernströmung lokal höhere Temperaturen ermittelt werden. Beim hiTRAN-Insert ist dies nicht der Fall, da die Thermoelemente fest am Kerndraht fixiert sind. Die Temperaturmessung mittels Spanndraht wird in Abb. A.2.9 am Beispiel des innenberippten Rohrs bei einer treibenden Temperaturdifferenz von $\Delta T = 15$ K mit dem durch lineare Interpolation ermittelten linearen Temperaturprofil verglichen. Hierbei wird neben den Thermoelementen des Spanndrahtes eine feste Temperaturmessstelle 13 cm vor Eintritt in das Verdampferrohr verwendet. Bei einem scheinbaren Flüssigkeitsstand von $h_s^* = 80$ % ist mit einer Differenz von $\Delta T < 1$ K eine gute Übereinstimmung zwischen der vor dem Verdampferrohreintritt ermittelten Temperatur und der linear interpolierten Rohreintrittstemperatur festzustellen. In axialer Richtung ausgehend vom Rohreintritt gibt der interpolierte Temperaturverlauf die gemessenen Temperaturen in der Aufheizzone gut wieder. Bei scheinbaren Flüssigkeitsständen von $h_s^* \geq 100$ % werden die Einlauftemperaturen durch die lineare Interpolation mit Temperaturdifferenzen von $\Delta T \approx 2$ - 4 K gegenüber der gemessenen Temperatur vor dem Verdampferrohreintritt deutlich unterschätzt. Die gemessenen Temperaturen erhöhen sich in axialer Richtung vom Verdampferrohreintritt nur sehr gering. Gründe hierfür können Wärmeleiteffekte an der Einspannung des Verdampferrohrs sowie aufgrund des dickeren Kondensatfilms auftretende geringere lokale heizseitige Wärmeübergangskoeffizienten sein. Hierdurch verringern sich die lokalen Wandtemperaturen am Verdampferrohreintritt und in Folge auch die lokalen treibenden Temperaturdifferenzen zwischen Rohrwand und Fluid, siehe Abb. A.2.9. Ein signifikanter Fehler bei der Berechnung des produktseitigen Wärmeübergangskoeffizienten in der Aufheizzone und der Ermittlung des Pinch-Punktes aus der linearen Temperaturinterpolation ist trotz der Unterschätzung der Rohreintrittstemperatur durch die lineare Interpolation nicht zu erwarten. Im weiteren Verlauf sind die interpolierten Temperaturen zunächst höher und in der Nähe des Pinch-Punktes geringer als die gemessenen. Insgesamt kann die Temperaturzunahme in der Aufheizzone gut durch eine lineare Interpolation beschrieben werden.

Rohreinlaufgeschwindigkeit

Die Rohreinlaufgeschwindigkeit im Zulauf des Verdampferrohrs beeinflusst in der Aufheizzone den einphasigen Wärmeübergang sowie den Druckverlust und definiert für den jeweiligen scheinbaren Flüssigkeitsstand in Abhängigkeit von der treibenden Temperaturdifferenz die Länge der Aufheizzone. Für die untersuchten Inserts sind die ermittelten Rohreinlaufgeschwindigkeiten für treibende Temperaturdifferenzen $10\text{ K} \leq \Delta T \leq 20\text{ K}$ in Abb. 4.15 dargestellt.

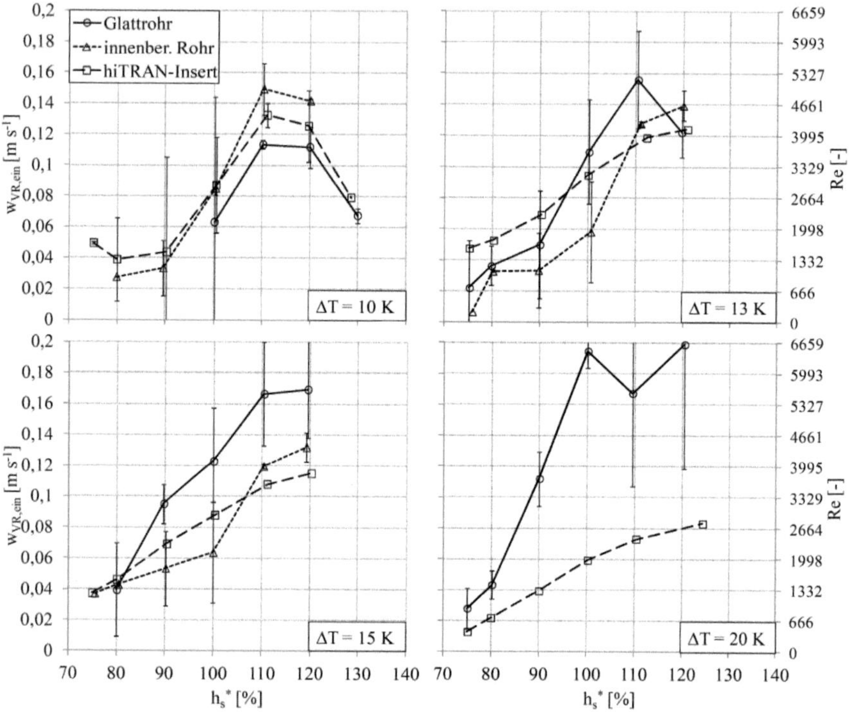

Abb. 4.15: Rohreinlaufgeschwindigkeit in Abhängigkeit des scheinbaren Flüssigkeitsstands, Versuchsmedium: Wasser, 0,2 bar, Heizmedium: Wasser

Bei einer treibenden Temperaturdifferenz von $\Delta T = 10$ K zeigen alle untersuchten Rohre / Inserts einen ähnlichen Verlauf der Rohreinlaufgeschwindigkeit. Es erfolgt zunächst ein Anstieg der Rohreinlaufgeschwindigkeit bis zu einem scheinbaren Flüssigkeitsstand von $h_s^* = 110$ %. Mit weiter steigenden scheinbaren Flüssigkeitsständen verringert sich die Rohreinlaufgeschwindigkeit. Das hiTRAN-Insert weist für scheinbare Flüssigkeitsstände $h_s^* \leq 100$ % die größten Rohreinlaufgeschwindigkeiten auf, während die Rohreinlaufgeschwindigkeiten für $h_s^* > 100$ % bei Verwendung des innenberippten Rohrs am größten sind. Das Glattrohr weist im untersuchten Bereich der scheinbaren Flüssigkeitsstände $100\ \% \leq h_s^* \leq 130\%$ die geringsten Rohreinlaufgeschwindigkeiten auf. Dies ändert sich mit steigender Temperaturdifferenz; für $h_s^* \geq 15$ K ist der Umlaufstrom des Glattrohrs gegenüber dem innenberippten Rohr sowie dem hiTRAN-Insert erhöht. Sowohl beim Drahtgestrick-Insert als auch beim strukturierten Rohr weisen die Rohreinlaufgeschwindigkeiten auf eine Limitierung des Umlaufstroms durch eine Zunahme des zweiphasigen Druckverlustes mit steigenden treibenden Temperaturdifferenzen hin. So werden bei beiden

Turbulenzpromotoren die größten Rohreinlaufgeschwindigkeiten bei der niedrigsten in Abb. 4.15 dargestellten treibenden Temperaturdifferenz von ΔT = 10 K ermittelt. Weiterhin weist der Verlauf des Umlaufstroms ab treibenden Temperaturdifferenzen von $\Delta T \geq 13$ K eine stetige Zunahme mit Erhöhung des scheinbaren Flüssigkeitsstands auf. Somit nimmt die Rohreinlaufgeschwindigkeit bei einer Erhöhung des scheinbaren Flüssigkeitsstands von h_s^* = 110 % auf h_s^* = 120 % zu, obwohl sich die Flüssigkeitsunterkühlung am Einlauf des Verdampferrohrs erhöht. Sowohl für das hiTRAN-Insert als auch für das innenberippte Rohr weisen somit die zweiphasigen Druckverluste einen größeren Einfluss auf die Fluiddynamik auf als die einphasigen.
Insgesamt sind bei Wasser als Versuchsmedium und einem Betriebsdruck von p_{BA} = 0,2 bar unter Verwendung der Turbulenzpromotoren für gleiche, produktseitig ermittelte Wärmestromdichten geringere treibende Temperaturdifferenzen gegenüber dem Glattrohr erforderlich. Das hiTRAN-Insert weist dabei vor allem bei kleinen treibenden Temperaturdifferenzen von $\Delta T < 10$ K eine signifikante Erhöhung der Wärmestromdichte gegenüber dem Glattrohr auf, während das innenberippte Rohr besonders gut für treibende Temperaturdifferenzen $\Delta T \geq 10$ K geeignet ist. Das hiTRAN-Insert zeigt nur eine geringe Abhängigkeit der Wärmestromdichte vom scheinbaren Flüssigkeitsstand, wohingegen sich für große treibende Temperaturdifferenzen die Wärmestromdichte mit sinkendem scheinbaren Flüssigkeitsstand für das innenberippte Rohr signifikant erhöht. Dies ist durch unterschiedliche Mechanismen des Wärmeübergangs und Druckverlustes der Turbulenzpromotoren zu erklären. Das innenberippte Rohr erhöht den integral übertragenen Wärmestrom vor allem durch eine signifikante Erhöhung des Wärmeübergangskoeffizienten in der Verdampfungszone; die Länge der Aufheizzone ist gegenüber dem Glattrohr in einer ähnlichen Größenordnung bzw. nur geringfügig verkürzt. Demgegenüber erfolgt bei Verwendung des hiTRAN-Inserts eine Erhöhung des Wärmeübergangskoeffzienten bei geringen treibenden Temperaturdifferenzen zunächst vor allem in der Aufheizzone und bei größeren treibenden Temperaturdifferenzen in der Verdampfungszone. Weiterhin ist bei Verwendung des hiTRAN-Inserts die Aufheizzone gegenüber dem Glattrohr signifikant verkürzt, so dass die Zunahme des integralen Wärmestroms aus einer größeren Wärmeübertragungsfläche mit hohen zweiphasigen Wärmeübergangskoeffizienten zu erklären ist. Die Rohreinlaufgeschwindigkeit des innenberippten Rohrs und des hiTRAN-Inserts wird bei diesen Betriebsbedingungen durch den zweiphasigen Druckverlust bereits bei treibenden Temperaturdifferenzen $\Delta T < 13$ K limitiert.

4.2.3 Wasser, 0,47 bar

Wie in den Wasserversuchen bei einem Betriebsdruck von p_{BA} = 0,2 bar zu erkennen ist, wird die Naturumlaufverdampfung der untersuchten Turbulenzpromotoren durch eine starke Unterkühlung am Verdampferrohreinlauf sowie eine geringe Gasdichte mit daraus folgenden großen Strömungsgeschwindigkeiten am Verdampferrohraustritt und im Brüdenrohr limitiert. Dies ist insbesondere beim innenberippten Rohr der Fall, da die Wärmeübergangsverbesserung gegenüber dem Glattrohr vor allem in der Verdampfungszone erfolgt und sich eine Unterkühlung mit resultierender langer konvektiver Aufheizzone daher besonders stark bemerkbar macht. Aus diesem Grund wurde eine Vergleichsmessung zwischen dem innenberippten Rohr und dem glatten Referenzrohr bei einem Systemdruck von $p_{BA} = 0,47$ bar durchgeführt. Bei Verwendung des Glattrohrs ist die Versuchsreihe limitiert durch die maximal realisierbare Heizdampftemperatur bei der Verwendung von Wasserdampf. Beim innenberippten Rohr ist die Messreihe wie bereits bei den Naturumlaufversuchen bei einem Betriebsdruck von $p_{BA} = 0,2$ bar durch die Heizleistung des Siedethermostaten begrenzt. Die gemittelten integralen Wärmestromdichten der Versuchsreihen sind in Abb. 4.16 dargestellt.

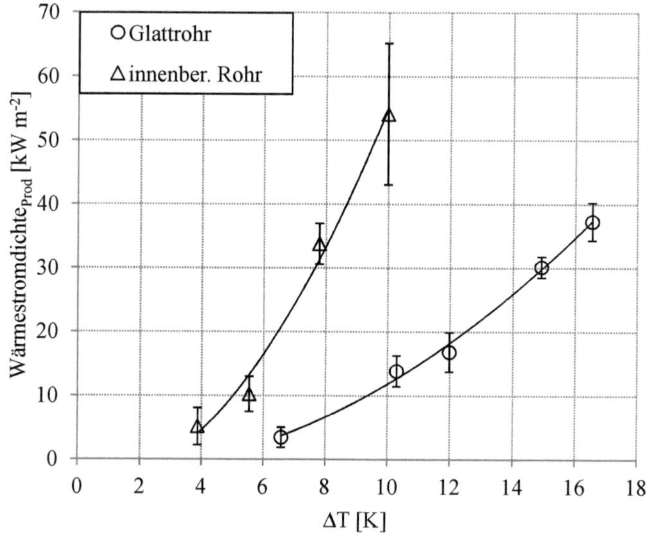

Abb. 4.16: Wärmestromdichten in Abhängigkeit der treibenden Temperaturdifferenz, Versuchsmedium: Wasser, 0,47 bar, Heizmedium: Wasser

Das innenberippte Rohr weist gegenüber dem Glattrohr bei allen untersuchten treibenden Temperaturdifferenzen deutlich größere integrale Wärmestromdichten auf. Für $\Delta T = 10$ K beträgt die Wärmestromdichte mit Nutzung des innenberippten Rohrs $\dot{q} = 54,2$ kW m^{-2} und ist damit um einen Faktor von knapp vier gegenüber den Glattrohrergebnissen erhöht. Im Vergleich zur Wärmestromdichte bei einem Betriebsdruck von $p_{BA} = 0,2$ bar ist die Wärmestromdichte des berippten Rohrs um einen Faktor von etwa 3 vergrößert. Um diesen großen Anstieg genauer zu betrachten, sind in Abb. 4.17 die auf die Aufheiz- und Verdampfungszone bezogenen produktseitigen Wärmestromdichten dargestellt.

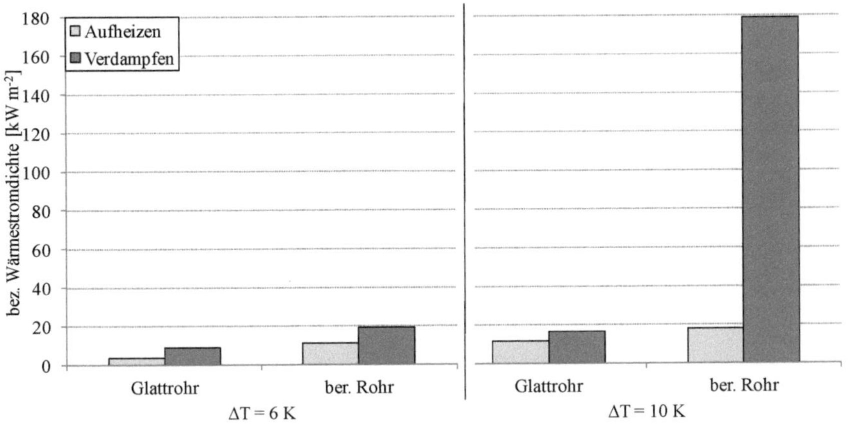

Abb. 4.17: Bezogene produktseitige Wärmestromdichten der Turbulenzpromotoren, Versuchsmedium: Wasser, 0,47 bar, Heizseite: Wasser

Wie bereits bei einem Betriebsdruck von p_{BA} = 0,2 bar festgestellt, weist das innenberippte Rohr vor allem eine Verbesserung des Wärmeübergangs in der Verdampfungszone gegenüber dem Glattrohr auf. Zwischen einer treibenden Temperaturdifferenz von ΔT = 6 K auf ΔT = 10 K ist eine sehr starke Zunahme der bezogenen Wärmestromdichten festzustellen. Auch im Vergleich zu den bei p_{BA} = 0,2 bar ermittelten Wärmestromdichten ist eine signifikante Erhöhung sowohl in der Aufheiz- als auch in der Verdampfungszone festzustellen. In der Aufheizzone ist dieses Verhalten durch eine größere Rohreinlaufgeschwindigkeit sowie eine leicht verringerte Prandtl-Zahl aufgrund der höheren Systemtemperaturen zu erklären. In der Verdampfungszone vergrößert sich die auf die Produktseite bezogene Wärmestromdichte um einen Faktor größer drei auf 178,6 kW m^{-2}. Eine Erklärung hierfür ist die Druckabhängigkeit des Wärmeübergangskoeffizienten. So erhöht sich der Wärmeübergangskoeffizient von Reinstoffen mit zunehmendem Betriebsdruck und steigenden Wärmestromdichten [Stier, 2003]. Aufgrund der starken Erhöhung der Wärmestromdichte in der Verdampfungszone durch die Veränderung der treibenden Temperaturdifferenz von ΔT = 6 K auf ΔT = 10 K ist davon auszugehen, dass bei ΔT = 6 K konvektives Sieden vorherrscht, wogegen die Wärmeübertragung bei ΔT = 10 K durch Blasensieden verbessert wird. Mit ermittelten Wandtemperaturen von $T_{W,i}$ = 84,6 °C (ΔT = 6 K) und $T_{W,i}$ = 88,1 °C (ΔT = 10 K) lässt sich bei diesen Betriebsbedingungen durch Umstellen der Gl. (2.31) der kritische Keimradius für das innenberippte Rohr rechnerisch abschätzen zu $1{,}26 \cdot 10^{-5}\,m < r_{kr} < 2{,}72 \cdot 10^{-5}\,m$. Da eine optische Zugänglichkeit des Verdampferrohrs nicht gegeben ist, kann nicht ausgeschlossen werden, dass in der Aufheizzone durch unterkühltes Sieden ein größerer Wärmestrom eingetragen wurde. Aufgrund der geringeren Flüssigkeitsunterkühlung ist sowohl beim Glattrohr als auch beim innenberippten Rohr gegenüber den Versuchen bei p_{BA} = 0,2 bar eine Verkürzung der Aufheizzone festzustellen, siehe Abb. A.2.2. Wie bereits bei den Messungen bei einem Betriebsdruck von p_{BA} = 0,2 bar ist die Länge der Aufheizzone des innenberippten Rohrs in einem ähnlichen Größenbereich wie die des Glattrohrs. Die Zunahme der Wärmestromdichte bei einem größeren Betriebsdruck lässt größere Rohreinlaufgeschwindigkeiten mit verbesserten Wärmeübergangskoeffizienten vermuten. Dies kann durch einen Vergleich zwischen Abb. 4.15 und Abb. 4.18 bestätigt werden.

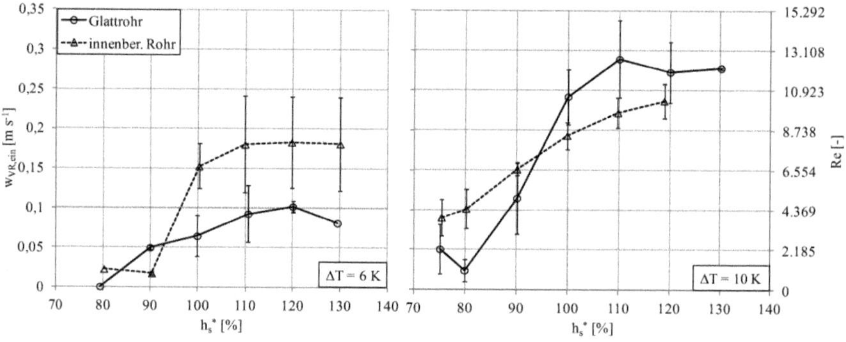

Abb. 4.18: Rohreinlaufgeschwindigkeit in Abhängigkeit des scheinbaren Flüssigkeitsstands, Versuchsmedium: Wasser, 0,47 bar, Heizmedium: Wasser

Sowohl für das Glattrohr als auch für das innenberippte Rohr sind die Rohreinlaufgeschwindigkeiten bei einem Betriebsdruck von p_{BA} = 0,47 bar gegenüber denen von p_{BA} = 0,2 bar signifikant größer. Somit wird der Umlaufstrom weniger stark durch den zweiphasigen Druckverlust reduziert. Beim innenberippten Rohr wurden bei p_{BA} = 0,47 bar die größten Umlaufströme bei einer treibenden Temperaturdifferenz von ΔT = 8 K ermittelt, siehe Abb. A.2.3. Dies lässt vermuten, dass geringere Geschwindigkeiten für ΔT = 10 K durch den größeren zweiphasigen Druckverlust zu erklären sind.

Insgesamt sind durch die Erhöhung des Betriebsdrucks von p_{BA} = 0,2 auf p_{BA} = 0,47 bar deutliche Verbesserungen in Bezug auf den Wärmeübergang sowie die Fluiddynamik des innenberippten Rohrs festzustellen. Aufgrund größerer Rohreinlaufgeschwindigkeiten und leicht geringerer Prandtl-Zahlen erfolgt eine Erhöhung der in der Aufheizzone übertragenen Wärmestromdichte sowie eine leichte Verkürzung dieser Zone. Vor allem in der Verdampfungszone verbessert sich der Wärmeübergangskoeffizient signifikant. So ist die Wärmestromdichte bei p_{BA} = 0,47 bar im Vergleich zu der bei p_{BA} = 0,2 bar mehr als dreimal so groß. Ein Grund hierfür ist die Druckabhängigkeit der Wärmeübergangskoeffizienten beim Blasensieden. Aus diesen Beobachtungen ergibt sich der Schluss, dass das innenberippte Rohr insbesondere bei höheren Betriebsdrücken eingesetzt werden sollte, solange dabei die kritische Wärmestromdichte, die sich mit steigendem Druck verringert, nicht überschritten wird. Im Folgenden werden die Versuchsergebnisse der Wasserversuche bei Normaldruck vorgestellt.

4.2.4 Wasser, 1 bar

Um die benötigten treibenden Temperaturdifferenzen für die Naturumlaufverdampfung von Wasser bei Atmosphärendruck in der verwendeten Versuchsanlage realisieren zu können, wurde Hexanol als Heizmedium verwendet. Die mittleren Wärmestromdichten der untersuchten Turbulenzpromotoren für die einzelnen Versuchsreihen sind in Abb. 4.19 dargestellt.

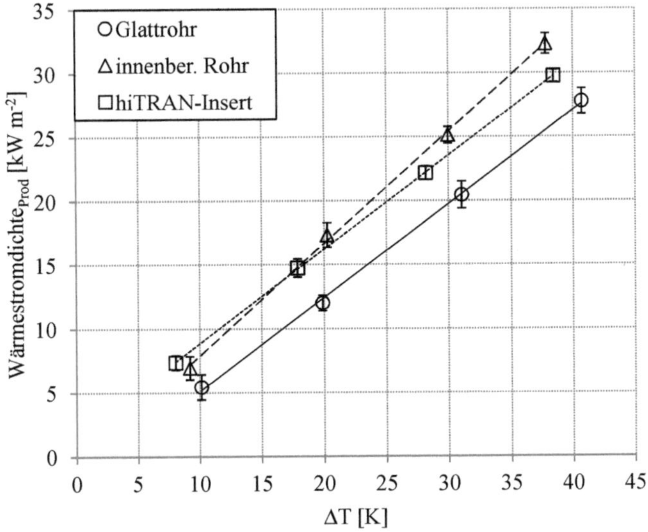

Abb. 4.19: Wärmestromdichten in Abhängigkeit der treibenden Temperaturdifferenz, Versuchsmedium: Wasser, 1 bar, Heizmedium: Hexanol

Gegenüber dem Glattrohr weisen das innenberippte Rohr sowie das hiTRAN-Insert im gesamten Bereich der gemessenen treibenden Temperaturdifferenzen eine größere integrale produktseitige Wärmestromdichte auf. Im Vergleich zu den Versuchen im Vakuumbetrieb sind die erreichten Wärmestromdichten trotz großer treibender Temperaturdifferenzen deutlich geringer und der Einfluss der Turbulenzpromotoren fällt weniger signifikant aus. Die Veränderung der Wärmestromdichte in Abhängigkeit von der treibenden Temperaturdifferenz lässt sich für die untersuchten Rohre und das Drahtgestrick-Insert in diesem Betriebsbereich gut durch Geraden darstellen. Während die Geraden vom hiTRAN-Insert und dem glatten

Edelstahlrohr nahezu parallel zueinander verlaufen, erhöht sich beim innenberippten Rohr im Vergleich dazu die Wärmestromdichte mit zunehmender treibender Temperaturdifferenz stärker. Eine Erklärung hierfür ist die beim innenberippten Rohr sehr heterogene Oberflächenstruktur, wodurch mit zunehmender Wandtemperatur gegenüber dem Edelstahlrohr mehr Keimstellen aktiviert werden. Wie anhand der Schwankungsbreite der Fehlerindikatoren in Abb. 4.19 erkennbar ist, weisen weder die untersuchten Rohre noch das Insert eine signifikante Abhängigkeit des Wärmeübergangskoeffizienten vom scheinbaren Flüssigkeitsstand auf. Vor allem beim innenberippten Rohr liegen aus den Vakuumversuchen andere Erfahrungen vor. Hieraus lässt sich schließen, dass die übertragene Wärmestromdichte durch die Verwendung des Hexanols als Heizmedium vor allem durch den heizseitigen Wärmeübergangskoeffizienten beeinflusst wird und der zu untersuchende rohrseitige Wärmeübergangskoeffizient nur einen geringen Einfluss auf den Wärmedurchgangskoeffizienten hat. Dies ist auch an den Rohreinlaufgeschwindigkeiten zu erkennen, siehe Abb. 4.20.

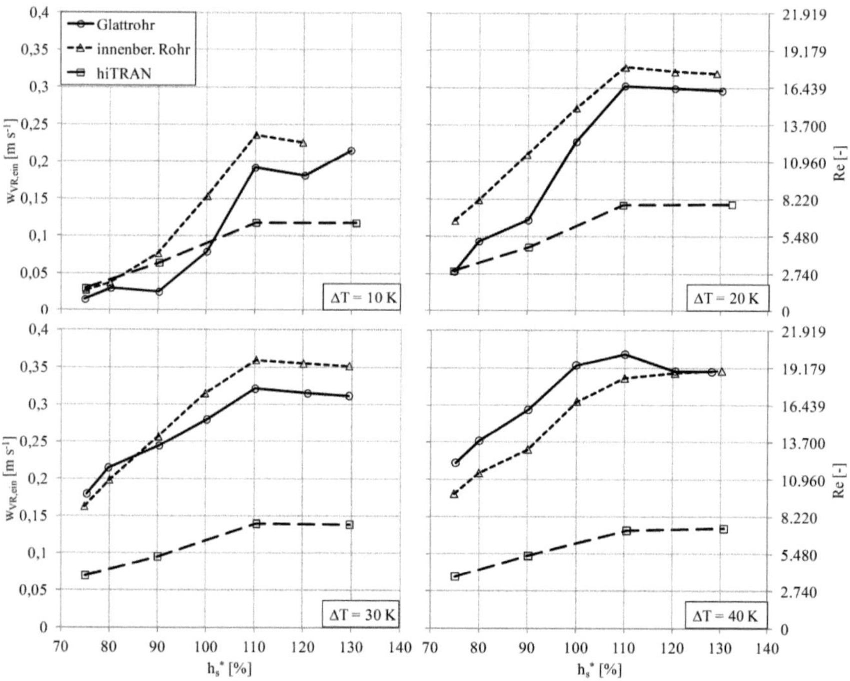

Abb. 4.20: Rohreinlaufgeschwindigkeit in Abhängigkeit des scheinbaren Flüssigkeitsstands, Versuchsmedium: Wasser, 1 bar, Heizmedium: Hexanol

Bei Verwendung des Glattrohrs bildet sich für treibende Temperaturdifferenzen von $\Delta T \geq 20$ K ein typischer Verlauf des Umlaufstroms aus, der auch bei den Versuchen mit niedrigeren Betriebsdrücken zu beobachten ist. Mit steigendem Flüssigkeitsstand vergrößert sich hierbei die Rohreinlaufgeschwindigkeit bis zu einem scheinbaren Flüssigkeitsstand von $h_s^* = 110$ %. Erhöht sich der Flüssigkeitsstand weiter, sinkt die Rohreinlaufgeschwindigkeit ab. Dies korrespondiert mit der vollständigen Flutung des Brüdenrohrs für $h_s^* \geq 110$ %, vgl. Abb. 3.2. Beim Glattrohr vergrößert sich durch Erhöhung der Heizdampftemperatur die Rohreinlaufgeschwindigkeit in Abhängigkeit vom jeweiligen scheinbaren Flüssigkeitsstand. Beim innenberippten Rohr ist der Verlauf für treibende Temperaturdifferenzen von $\Delta T \leq 30$ K ähnlich. Die Rohreinlaufgeschwindigkeiten liegen für einen Großteil der Messwerte für diesen Betriebsbereich oberhalb der Glattrohrmessungen. Dies ist mit dem gegenüber dem Glattrohr leicht erhöhten Dampfanteil im Verdampferrohr und der daraus resultierenden geringeren Gemischdichte zu erklären. Durch weitere Erhöhung der treibenden Temperaturdifferenz auf $\Delta T = 40$ K ist beim innenberippten Rohr ein Stagnieren und teilweise eine Verringerung der Rohreinlaufgeschwindigkeit zu beobachten. Es liegt kein lokales Maximum bei einem scheinbaren Flüssigkeitsstand von $h_s^* = 110$ % vor. Stattdessen nimmt der Umlaufstrom bis zu einem scheinbaren Flüssigkeitsstand von $h_s^* = 130$ % zu. Hieraus lässt sich schließen, dass für diese Betriebsbedingungen der Umlaufstrom vor allem durch die zweiphasigen Druckverluste verringert wird. Mit Nutzung des hiTRAN-Inserts ist eine deutliche Reduzierung der Rohreinlaufgeschwindigkeit gegenüber dem Glattrohr festzustellen. Dies ist durch die signifikant größeren Druckverluste im ein- und zweiphasigen Strömungsbereich zu erklären. Mit einer Vergrößerung der treibenden Temperaturdifferenz auf $\Delta T = 30$ K geht eine Erhöhung des Umlaufstroms in Abhängigkeit vom scheinbaren Flüssigkeitsstand einher. Mit Erreichen einer treibenden Temperaturdifferenz von $\Delta T = 40$ K ist wiederum eine leichte Verringerung der Rohreinlaufgeschwindigkeit festzustellen. Analog zum berippten Rohr scheinen die zweiphasigen Druckverluste den Umlaufstrom für diese Betriebsbedingungen zu reduzieren.

Insgesamt werden bei der Naturumlaufverdampfung unter Atmosphärendruck signifikant größere Rohreinlaufgeschwindigkeiten gegenüber den Vakuumversuchen erreicht. Dies ist durch die geringere Gasdichte und den daraus folgenden geringeren zweiphasigen Druckverlusten im Verdampfer- und Brüdenrohr zu begründen. Trotz der hohen Umlaufströme werden nur geringe Wärmeströme übertragen. Die Verwendung von Hexanol als Heizmedium erhöht den Wärmewiderstand auf der Heizseite signifikant [Hammerschmidt, 2011] und beeinflusst damit die integrale Wärmestromdichte deutlich stärker als Wärmeübergangsintensivierungen auf der Produktseite. Da Kernströmungstemperaturprofile zudem nur von Messungen mit dem innenberippten Rohr vorliegen, wird auf eine differenzierte Betrachtung der Wärmestromdichten in Aufheiz- und Verdampfungszone verzichtet.

4.2.5 Wasser-Glycerin, 0,2 bar

Durch die Nutzung von Glycerin-Wasser als Versuchsmedium können Einflüsse einer erhöhten Viskosität sowie Effekte des weitsiedenden Gemisches auf die Naturumlaufverdampfung für die unterschiedlichen Turbulenzpromotoren untersucht werden. Im Vergleich zu den Wassermessungen bei $p_{BA} = 0{,}2$ bar werden für alle untersuchten Rohre und das Insert rohrseitig deutlich geringere integrale Wärmestromdichten ermittelt, siehe Abb. 4.21. Im Bereich geringer treibender Temperaturdifferenzen $\Delta T \leq 14$ K liegen bei Verwendung des Glattrohrs sowie beim innenberippten Rohr geringe Wärmstromdichten von weniger als 5 kW m^{-2} vor. Im Gegensatz dazu wird mit dem hiTRAN-Insert eine Wärmestromdichte von $\dot{q} = 14{,}9$ kW m^{-2} erreicht. Bis zu einer treibenden Temperaturdifferenz von $\Delta T < 25$ K weist das Insert gegenüber den Versuchsrohren größere integrale Wärmeströme auf. Mit steigender Heizdampftemperatur erhöht sich schließlich der übertragene Wärmestrom des innenberippten Rohrs signifikant. Für $\Delta T > 25$ K ist die rohrseitige Wärmestromdichte mit $\dot{q} = 41{,}4$ kW m^{-2} etwa doppelt so groß wie die des Glattrohrs. Während beim hiTRAN-Insert ein nahezu linearer Zusammenhang zwischen treibenden Temperaturdifferenzen und der ermittelten Wärmestromdichten erkennbar ist, nehmen die Wärmestromdichten beim Glattrohr und innenberippten Rohr bei treibenden Temperaturdifferenzen von $\Delta T \leq 14$ K zunächst nur sehr gering und mit größer werdenden treibenden Temperaturdifferenzen deutlich stärker zu. Der Grund hierfür ist die unterschiedliche Beeinflussung des produktseitigen Wärmeübergangs durch das Drahtgestrick-Insert gegenüber den Versuchsrohren. Durch die Verwendung des Wasser-Glycerin Gemisches liegen bei kleinen treibenden Temperaturdifferenzen nur geringe Dampfanteile am Verdampferrohraustritt vor und die Viskosität ist gegenüber Wasser erhöht. Der geringe Dichteunterschied zwischen einphasigem Zulauf und der gegenüber Wasser erhöhten Viskosität führt zu geringen Reynolds-Zahlen am Eintritt des Verdampferrohrs. Das hiTRAN-Insert verbessert den produktseitigen Wärmeübergang sowohl in der konvektiven Aufheizzone als auch in der Verdampfungszone und verkürzt die Aufheizzone gegenüber dem Glattrohr (auch aufgrund größerer Druckverluste) deutlich. Bei dem Glattrohr und dem innenberippten Rohr liegen dagegen aufgrund der laminaren Strömung in der Aufheizzone geringe Wärmeübergangskoeffizienten vor, was zusammen mit den gegenüber dem hiTRAN-Insert geringeren Druckverlusten zu langen Aufheizzonen führt. Mit großen treibenden Temperaturdifferenzen bilden sich im Glattrohr und im innenberippten Rohr vermehrt Dampfblasen und der Umlaufstrom erhöht sich. Sowohl in der Aufheiz- als auch in der Verdampfungszone verbessert sich der produktseitige Wärmeübergang und die Länge der Aufheizzone verkürzt sich gegenüber den geringen treibenden Temperaturdifferenzen. Somit weisen das Glattrohr und das innenberippte Rohr für die produktseitigen Wärmestromdichten eine starke Abhängigkeit von der treibenden Temperaturdifferenz auf. Für diese Versuchsrohre muss eine ausreichende treibende Temperaturdifferenz zur Dampfbildung erreicht werden, um hohe integrale Wärmestromdichten zu erzielen.

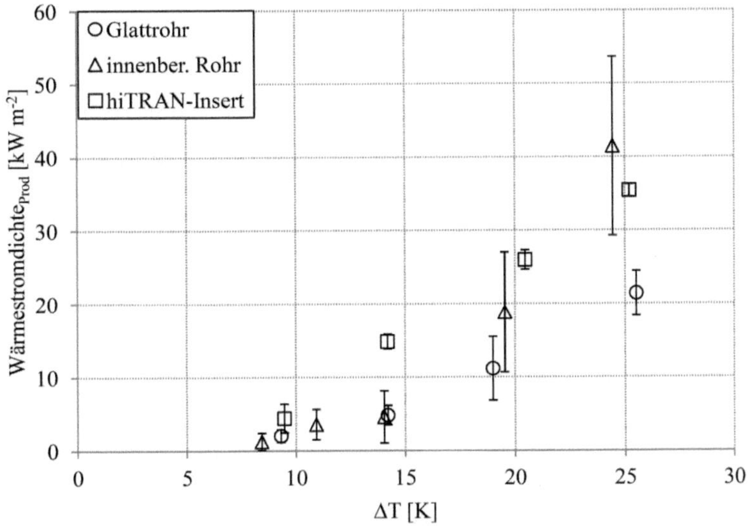

Abb. 4.21: Wärmestromdichten in Abhängigkeit der treibenden Temperaturdifferenz, Versuchsmedium: Wasser-Glycerin, 0,2 bar, Heizmedium: Wasser

Wie bereits bei den Messungen mit Wasser als Versuchsmedium und Wasserdampfbeheizung ist beim Glattrohr sowie beim innenberippten Rohr eine Abhängigkeit der übertragenen Wärmestromdichte vom scheinbaren Flüssigkeitsstand festzustellen, siehe Abb. 4.22.

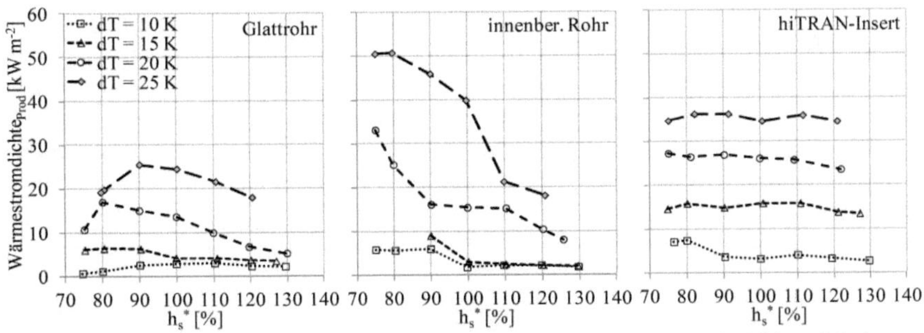

Abb. 4.22: Wärmestromdichte der untersuchten Turbulenzpromotoren in Abhängigkeit vom scheinbaren Flüssigkeitsstand, Versuchsmedium: Wasser-Glycerin, 0,2 bar, Heizmedium: Wasser

Im Bereich kleiner treibender Temperaturdifferenzen von $\Delta T \approx 10$ K liegt bei allen untersuchten Turbulenzpromotoren keine stabile Naturumlaufverdampfung für alle scheinbaren Flüssigkeitsstände vor. Die übertragene Wärmestromdichte ist stark abhängig von der Rohreinlaufgeschwindigkeit. Beim innenberippten Rohr sowie bei Verwendung des Glattrohrs ist dies zum Teil auch bei einer treibenden Temperaturdifferenz von $\Delta T = 15$ K der Fall, während das hiTRAN-Insert für diesen Betriebsbereich einen stabilen Naturumlauf aufweist, siehe Abb. 4.23. Für die untersuchten Betriebsbedingungen liegen alle ermittelten Umlaufströme mit einer maximal ermittelten Rohreinlaufgeschwindigkeit von $w_{VR,ein} = 0{,}18$ m s^{-1} und einer Reynolds-Zahl von $Re \approx 1.450$ im Bereich der laminaren Rohrströmung. Beim Glattrohr nimmt die Wärmestromdichte für treibende Temperaturdifferenzen $\Delta T \geq 20$ K mit steigendem scheinbaren Flüssigkeitsstand von $h_s^* = 75$ % auf 80 % $\leq h_s^* \leq$ 90 % zunächst zu. Mit weiter steigenden Flüssigkeitsständen sinkt die Wärmestromdichte ab. Für das innenberippte Rohr sind bei diesen Betriebsbedingungen die größten Wärmestromdichten bei $h_s^* = 75$ % festzustellen. Dies zeigt die starke Abhängigkeit des produktseitigen Wärmeübergangs vom innenberippten Rohr durch die Flüssigkeitsunterkühlung am Eintritt des Verdampferrohrs und damit von der Länge der Verdampfungszone auf. Die übertragenen Wärmeströme unter Verwendung des hiTRAN-Inserts weisen im Gegensatz zu den untersuchten Rohren nur eine geringe Abhängigkeit vom scheinbaren Flüssigkeitsstand auf. Für alle untersuchten treibenden Temperaturdifferenzen sind die produktseitigen Wärmestromdichten höher als beim Glattrohr. Beim Vergleich mit dem innenberippten Rohr ist bei gleicher treibender Temperaturdifferenz der scheinbare Flüssigkeitsstand zu beachten. Bei $\Delta T = 20$ K weist das hiTRAN-Insert für alle scheinbaren Flüssigkeitsstände mit Ausnahme von $h_s^* = 75$ % größere übertragene Wärmeströme auf, während bei einer treibenden Temperaturdifferenz von $\Delta T = 25$ K durch das innenberippte Rohr für $h_s^* \leq 100$ % größere Wärmestromdichten erreicht werden.

Auch bei der Fluiddynamik unterscheidet sich das Verhalten der Rohre von dem des hiTRAN-Inserts. Bei Verwendung der Rohre werden abhängig vom scheinbaren Flüssigkeitsstand und der treibenden Temperaturdifferenz sehr unterschiedliche Rohreinlaufgeschwindigkeiten erreicht, siehe Abb. 4.23. Analog zu den Wassermessungen ist zunächst ein Anstieg der Rohreinlaufgeschwindigkeit mit zunehmendem scheinbaren Flüssigkeitsstand feststellbar. Nach Erreichen eines lokalen Maximums bei 100 % $\leq h_s^* \leq$ 110 % sinkt die Rohreinlaufgeschwindigkeit mit weiter steigenden Flüssigkeitsständen wieder ab. Wird das hiTRAN-Insert verwendet, ist bei einer treibenden Temperaturdifferenz von $\Delta T = 15$ K eine Erhöhung und Stabilisierung der Rohreinlaufgeschwindigkeit gegenüber den untersuchten Rohren festzustellen. Mit steigendem scheinbaren Flüssigkeitsstand von $h_s^* = 75$ % auf $h_s^* = 120$ % erhöht sich die Rohreinlaufgeschwindigkeit. Bei $h_s^* = 120$ % und $\Delta T = 15$ K wird für das hiTRAN-Insert mit $w_{VR,ein} = 0{,}12$ m s^{-1} die größte Rohreinlaufgeschwindigkeit gemessen. Mit weiter steigender Heizdampftemperatur sinkt die Rohreinlaufgeschwindigkeit wieder ab. Dies lässt darauf schließen, dass bei größeren treibenden Temperaturdifferenzen der Naturumlauf durch die erhöhten zweiphasigen Druckverluste im Verdampfer- und Brüdenrohr limitiert wird.

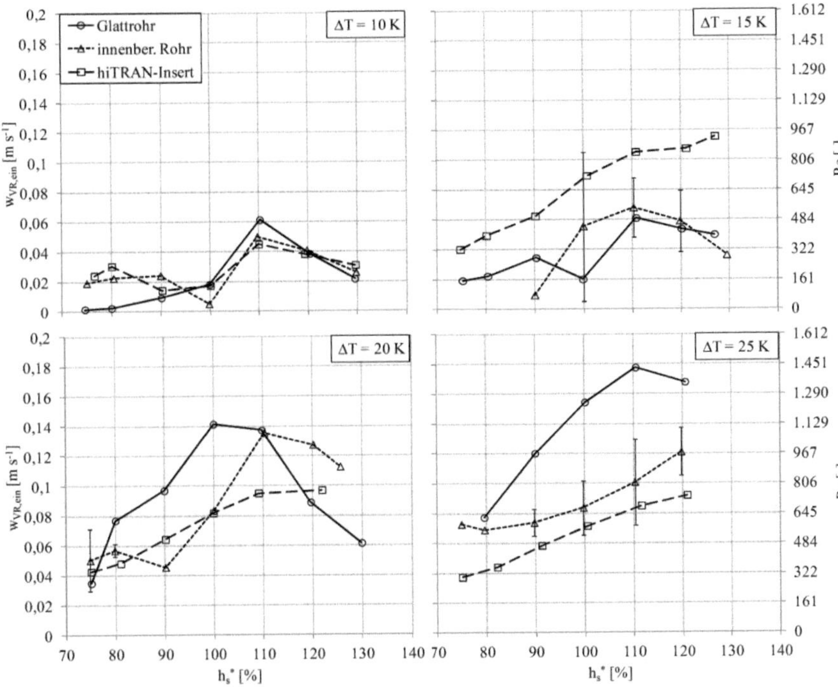

Abb. 4.23: Rohreinlaufgeschwindigkeit in Abhängigkeit des scheinbaren Flüssigkeitsstands, Versuchsmedium: Wasser-Glycerin, 0,2 bar, Heizmedium: Wasser

Bei geringen Rohreinlaufgeschwindigkeiten sowie stark pulsierendem Umlaufverhalten weisen die Temperaturprofile des Glattrohrs sowie des innenberippten Rohrs zum Teil erhebliche Sprünge auf, siehe Abb. 4.24. Da die Temperaturprofile des hiTRAN-Inserts dieses Verhalten nicht zeigen, ist davon auszugehen, dass die starken Temperatursprünge durch radiale Bewegungen des Spanndrahtes und der Messung zu hoher Temperaturen in Wandnähe zu erklären sind. Insbesondere bei Verwendung des innenberippten Rohrs wurden so lokal erhöhte Temperaturen gemessen. Die automatisierte Ermittlung der Aufheizzonenlänge sowie der Geraden in der Aufheiz- und der Verdampfungszone zeigt sich bei der Auswertung als stark fehleranfällig.

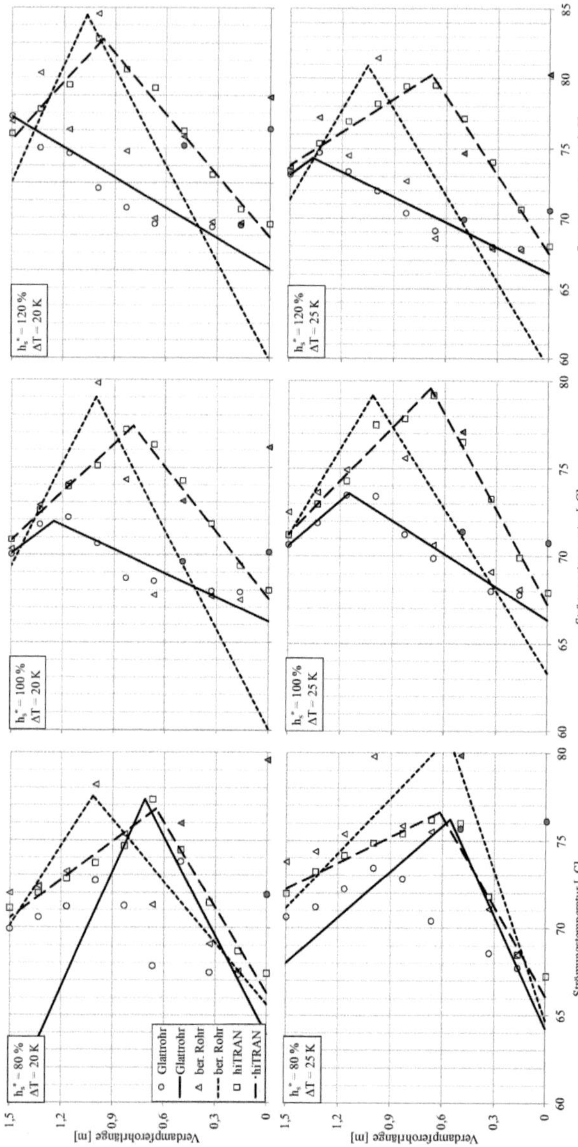

Abb. 4.24: Kernströmungstemperaturen, Versuchsmedium: Wasser-Glycerin, 0,2 bar, Heizseite: Wasser

Im Vergleich zu den Wassermessungen für p_{BA} = 0,2 und ΔT = 25 K bar vergrößert sich die Länge der konvektiven Aufheizzone bei Verwendung des Glattrohrs. Während bei den Wasserversuchen unter ähnlichen Betriebsbedingungen der Pinchpunkt für h_s^* = 120 % bei etwa 1,16 m beheizter Rohrlänge (L_{Aufh} / L_{VR} = 0,77) liegt, werden beim Wasser-Glycerin Gemisch etwa 1,37 m (L_{Aufh} / L_{VR} = 0,91) bis zum Erreichen des Siedens in der Kernströmung benötigt. Dies ist vor allem durch die geringeren rohrseitigen Wärmeübergangskoeffizienten aufgrund der laminaren Strömung in der Aufheizzone zu erklären. Das hiTRAN-Insert verkürzt die Aufheizzone wie bereits bei den Wassermessungen signifikant gegenüber dem Glattrohr. Dies wird besonders bei großen treibenden Temperaturdifferenzen von ΔT = 25 K und einem scheinbaren Flüssigkeitsstand von h_s^* = 120 % deutlich. Mit einer Länge der Aufheizzone von L_{Aufh} = 1,37 m (L_{Aufh} / L_{VR} = 0,91) wird Sieden in der Kernströmung beim Glattrohr im Vergleich zum hiTRAN-Insert erst nach etwa der doppelten Aufheizzonenlänge erreicht. Aufgrund der beim innenberippten Rohr auftretenden Temperatursprünge ist eine Abschätzung der Aufheizzonenlänge erschwert. Für einen scheinbaren Flüssigkeitsstand von h_s^* = 80 % liegt die Länge der Aufheizzone mit $L_{Aufh} \approx$ 1 m (L_{Aufh} / L_{VR} = 0,67) für ΔT = 20 K bzw. $L_{Aufh} \approx$ 0,9 m (L_{Aufh} / L_{VR} = 0,6) für ΔT = 25 K in einer ähnlichen Größenordnung wie die des Glattrohrs. Dies gilt auch bei einem scheinbaren Flüssigkeitsstand von h_s^* = 100 %. Für den höchsten scheinbaren Flüssigkeitsstand von h_s^* = 120 % ist mit Verwendung des berippten Rohrs eine leichte Verkürzung der Aufheizzone gegenüber dem Glattrohr zu beobachten. So wird bei diesem Flüssigkeitsstand im strukturierten Rohr mit einer treibenden Temperaturdifferenz von ΔT = 20 K der Siedezustand im Rohr erreicht, während im Glattrohr nur eine konvektive Aufheizung festzustellen ist. Die bezogenen Wärmestromdichten in der Aufheiz- und Verdampfungszone sind aufgrund der Temperatursprünge insbesondere für das innenberippte Rohr bei dieser Messreihe mit einer größeren Unsicherheit belegt. Aufgrund lokal zu hoch gemessener Temperaturen wird die Länge der Aufheizzone teilweise deutlich unterschätzt. Dies führt dazu, dass die Wärmestromdichte in der Aufheizzone über- und die Wärmestromdichte in der Verdampfungszone unterschätzt werden. Die bezogenen Wärmestromdichten der Aufheiz- und Verdampfungszone sind in Abb. 4.25 dargestellt.

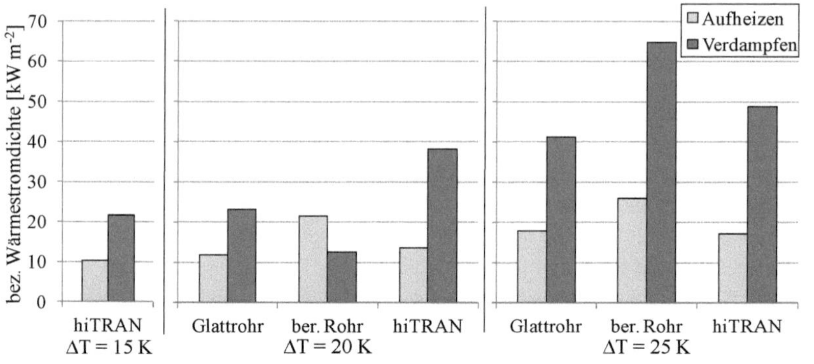

Abb. 4.25: Bezogene produktseitige Wärmestromdichten der Turbulenzpromotoren, Versuchsmedium: Wasser-Glycerin, 0,2 bar, Heizseite: Wasser

Wie zuvor festgestellt, kommt es bei Nutzung des Spanndrahtes zu einer fehlerhaften Ermittlung der Aufheizzonenlänge und damit zu einer Überschätzung des einphasigen Wärmeübergangskoeffizienten. Dies ist für das innenberippte Glattrohr bei einer treibenden Temperaturdifferenz von ΔT = 20 K festzustellen, siehe Abbn. 4.24, 4.25. Infolgedessen ist die ermittelte Wärmestromdichte der Aufheizzone größer als die der Verdampfungszone. Bei einer treibenden Temperaturdifferenz von ΔT = 25 K ändert sich dies; das innenberippte Rohr weist mit einer Wärmestromdichte von $\dot{q}$ = 64,7 kW m^{-2} gegenüber dem Glattrohr und dem hiTRAN-Insert einen deutlich verbesserten Wärmeübergang in der Verdampfungszone auf. Im Hinblick auf die Unterschätzung der Verdampfungszonenlänge ist davon auszugehen, dass die tatsächliche Wärmestromdichte größer ist. Das hiTRAN-Insert überträgt in der Verdampfungszone mit $\dot{q}$ = 48,7 kW m^{-2} eine um 7,5 kW m^{-2} = 5,5 % größere Wärmestromdichte gegenüber dem Glattrohr, während in der Aufheizzone ähnliche Wärmestromdichten erreicht werden. Der signifikant größere integrale Wärmestrom des hiTRAN-Inserts gegenüber dem Glattrohr ist daher wie bei den Wassermessungen vor allem durch die Verkürzung der Aufheizzone zu erklären.

Insgesamt sinken bei allen untersuchten Rohren und dem Drahtgestrick-Insert die Rohreinlaufgeschwindigkeiten sowie die integral übertragenen Wärmeströme gegenüber den Versuchen mit Wasser bei gleichem Betriebsdruck deutlich ab. Für alle Messungen werden Umlaufströme im laminaren Strömungsbereich ermittelt. Die Gründe hierfür sind erhöhte Reibungsdruckverluste sowie ein deutlich verringerter Wärmeübergang in der Aufheizzone. Bei Verwendung des Spanndrahtes wurden durch radiale Bewegungen zum Teil zu hohe Temperaturen in der Kernströmung ermittelt. Hierdurch wird die Länge der Aufheizzone der untersuchten Rohre teilweise unter- sowie die Länge der Verdampfungszone überschätzt und es ergeben sich zu große Wärmestromdichten in der Aufheizzone sowie zu geringe Wärmestromdichten bei der Verdampfung. Im Bereich treibender Temperaturdifferenzen von $\Delta T \leq$ 20 K werden durch das hiTRAN-Insert im Vergleich zu den Rohren deutlich größere

Wärmeströme übertragen. Das innenberippte Rohr weist dagegen die größte Wärmestromdichte bei einer treibenden Temperaturdifferenz von ΔT = 25 K auf. Wie bereits bei den Wassermessungen festgestellt, zeigen die Wärmestromdichten beim innenberippten Rohr eine starke Abhängigkeit vom scheinbaren Flüssigkeitsstand, während beim hiTRAN-Insert bei einer kontanten treibenden Temperaturdifferenz für alle scheinbaren Flüssigkeitsstände nahezu gleiche Wärmestromdichten vorliegen. Im Folgenden sind die Ergebnisse der Messungen des Wasser-Glycerin Gemisches bei Umgebungsdruck mit Hexanolbeheizung dargestellt.

4.2.6 Wasser-Glycerin, 1 bar

Die ermittelten Wärmestromdichten des Wasser-Glycerin Gemisches bei Atmosphärendruck mit Hexanolbeheizung weisen wie bereits bei den Wasserversuchen bei gleichen Betriebsbedingen nur geringe Unterschiede zwischen den untersuchten Rohre und des Inserts auf, siehe Abb. 4.26.

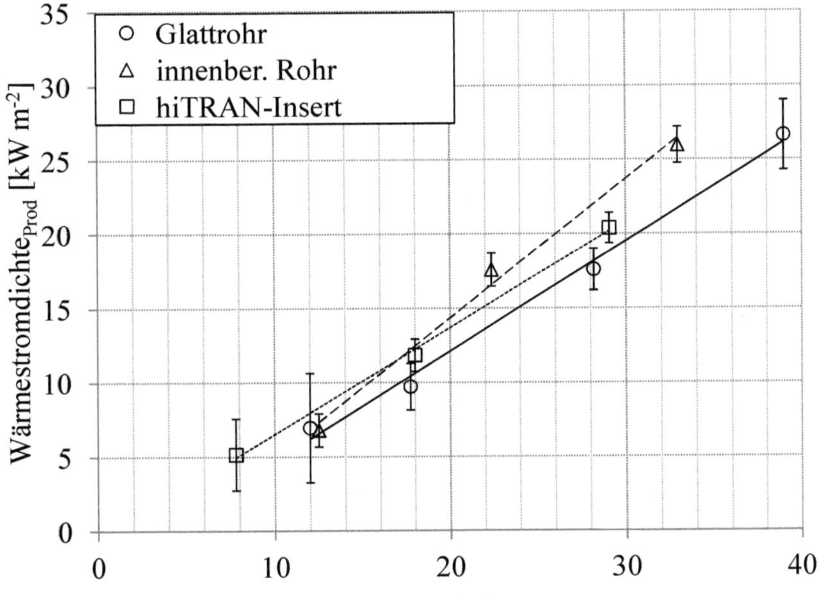

Abb. 4.26: Wärmestromdichten in Abhängigkeit der treibenden Temperaturdifferenz, Versuchsmedium: Wasser-Glycerin, 1 bar, Heizmedium: Hexanol

Sowohl mit dem hiTRAN-Insert als auch mit dem innenberippten Rohr können für die untersuchten treibenden Temperaturdifferenzen nur geringe Erhöhungen der integralen Wärmestromdichte gegenüber dem Glattrohr erzielt werden. Da bei einem Betriebsdruck von p_{BA} = 0,2 bar deutliche Unterschiede im Betriebsverhalten und der Wärmestromdichte bei den verschiedenen Turbulenzpromotoren zu erkennen sind, ist dieses Verhalten durch den großen heizseitigen Wärmeübergangswiderstand aufgrund der Hexanolbeheizung zu erklären. Dies zeigt sich auch durch den Vergleich mit den integralen Wärmestromdichten der Wasserversuche bei Normaldruck. Die Wärmestromdichten mit dem Stoffsystem Wasser-Glycerin sind nur geringfügig kleiner als die der Wassermessungen. Somit wird die Wärmeübertragung vor allem durch den Wärmewiderstand auf der Heizseite und nur in geringem Maß vom rohrseitigen Wärmeübergangskoeffizienten beeinflusst. Wie bei den Wasserversuchen bei Normaldruck weisen im untersuchten Betriebsbereich alle untersuchten Rohre und das Drahtgestrick-Insert einen linearen Zusammenhang zwischen treibender Temperaturdifferenz und integraler Wärmestromdichte auf, vgl. Abb. 4.21, Abb. 4.26. Ebenso ist bei Verwendung des innenberippten Rohrs eine stärkere Erhöhung der Wärmestromdichte mit zunehmender treibender Temperaturdifferenz gegenüber dem Glattrohr und dem hiTRAN-Insert festzustellen. Die Begründung hierfür ist wie bei den Wasserversuchen die erhöhte Blasenbildung beim innenberippten Rohr bei ausreichender Wandtemperaturüberhitzung.

Auch die Fluiddynamik weist ein ähnliches Verhalten wie die Wasserversuche bei Normaldruck auf, siehe Abb. 4.27. Die Rohreinlaufgeschwindigkeiten der untersuchten Turbulenzpromotoren fallen bei der Verwendung des Wasser-Glycerin Gemisches für die jeweiligen treibenden Temperaturdifferenzen und scheinbaren Flüssigkeitsstände gegenüber den Wasserversuchen leicht geringer aus. Im Vergleich zu den Glycerin-Wasser Messungen bei p_{BA} = 0,2 bar sind die Rohreinlaufgeschwindigkeiten bei einem Betriebsdruck von p_{BA} = 1 bar hingegen deutlich größer. So werden bei dem Glattrohr und einer treibenden Temperaturdifferenz von ΔT = 20 K bei einem Betriebsdruck von p_{BA} = 0,2 bar maximal $w_{VR,ein}$ = 0,18 m s^{-1} erreicht, während bei Atmosphärendruck $w_{VR,ein}$ = 0,28 m s^{-1} vorliegen. Dies erklärt sich aus den geringeren Dampfanteilen, aufgrund der geringen Wärmestromdichten bei Verwendung von Hexanol als Heizmedium, sowie der geringeren Dampfdichte im Vakuumbetrieb. Hierdurch sind die volumetrischen Dampfströme im Vakuumbetrieb deutlich größer als bei Normaldruck, was wiederum zu großen zweiphasigen Druckverlusten im Verdampfer- und Brüdenrohr und damit zu verringerten Rohreinlaufgeschwindigkeiten führt. Dies ist auch beim Umlaufverhalten des Verdampfers erkennbar. Die Versuche bei Normaldruck weisen gegenüber den Vakuumversuchen einen gleichmäßigeren Umlaufstrom auf, während bei den Vakuumversuchen verstärkt Pulsationen zu erkennen sind.

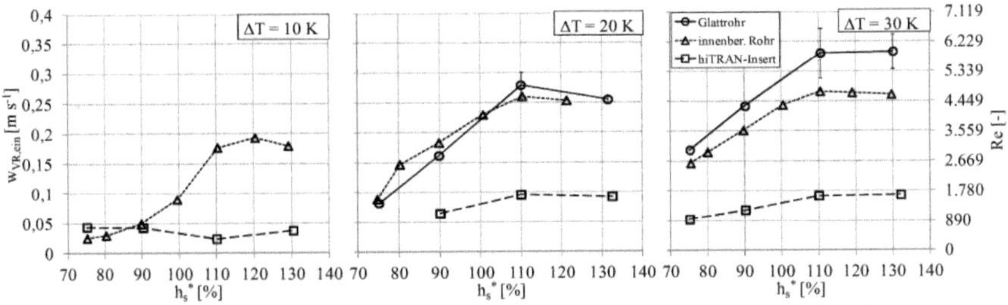

Abb. 4.27: Rohreinlaufgeschwindigkeit in Abhängigkeit des scheinbaren Flüssigkeitsstands, Versuchsmedium: Wasser-Glycerin, 1 bar, Heizmedium: Hexanol

Insgesamt ist ein ähnliches Verhalten bezüglich des Wärmeübergangs und der Fluiddynamik wie bei den Wasserversuchen mit gleichen Betriebsbedingungen festzustellen. Durch die Hexanolbeheizung erhöht sich der Wärmedurchgangswiderstand auf der Heizseite gegenüber der Wasserdampfbeheizung deutlich, so dass bei Hexanolbeheizung der Einfluss des rohrseitigen Wärmeübergangskoeffizienten gegenüber den Versuchen mit Wasserdampfbeheizung geringer ausfällt. Aufgrund der geringeren Dampfanteile sowie der größeren Dampfdichte werden im Vergleich zu den Wasser-Glycerin Versuchen bei $p_{BA} = 0{,}2$ bar größere Rohreinlaufgeschwindigkeiten für alle untersuchten Rohre sowie das Drahtgestrick-Insert erreicht. Gleichzeitig weist das Umlaufverhalten bei Atmosphärendruck gegenüber den Versuchen im Unterdruck deutlich geringere Instabilitäten, wie z. B. Pulsationen, auf.

5 Modellierung

Wie im vorherigen Kapitel gezeigt, sind Wärmeübertragung und Fluiddynamik im Naturumlaufverdampfer stark von den jeweiligen Betriebsbedingungen abhängig. Zur Auslegung und Vorausberechnung von Naturumlaufverdampfern unter Verwendung von strukturierten Oberflächen oder Einbauten sind daher semiempirische Berechnungskorrelationen für den Druckverlust und den Wärmeübergang sowohl im ein- als auch im zweiphasigen Zustand erforderlich. Im Folgenden werden für das hiTRAN-Insert CG 210 und das innenberippte Rohr entsprechende Korrelationen vorgestellt und an die experimentellen Ergebnisse angepasst.

5.1 hiTRAN Insert

5.1.1 Einphasiger Druckverlust

Zur Ermittlung des einphasigen Druckverlustes werden die durchgeführten Druckverlustversuche der Fluiddynamikanlage verwendet. Als Versuchsmedium wurde Wasser bei Raumtemperatur verwendet, wodurch sich Reynolds-Zahlen $876 \leq Re \leq 8835$ sowie eine Prandtl-Zahl von $Pr \approx 7$ ergeben. Die ermittelten Druckverlustbeiwerte für das hiTRAN-Insert CG 210 zeigen keinen Umschlagspunkt zwischen laminarem und turbulentem Strömungsverhalten. Der einphasige Druckverlust kann für den gesamten Strömungsbereich mit folgendem Ansatz beschrieben werden:

$$\zeta = A \cdot \frac{\ln(Re)}{Re} + B \,. \tag{5.1}$$

Die ermittelten Messwerte lassen sich gut mit Hilfe dieser Korrelation wiedergeben, siehe Abb. 5.1.

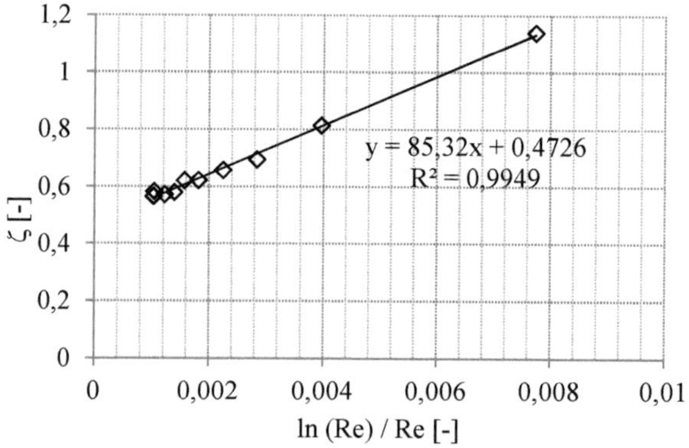

Abb. 5.1: Beschreibung des Druckverlustbeiwertes für das hiTRAN-Insert CG 210

Die Auftragung des Widerstandsbeiwertes über ln (Re) / Re ermöglicht die Beschreibung der Messwerte mit Hilfe einer linearen Gleichung. Für das hiTRAN-Insert CG 210 berechnet sich der Druckverlustbeiwert zu

$$\zeta = 85{,}32 \cdot \frac{\ln(\mathrm{Re})}{\mathrm{Re}} + 0{,}4726 \,. \tag{5.1 b}$$

Die Gleichung beschreibt den einphasigen Druckverlust in einem Strömungsbereich von $1 \le \mathrm{Re} \le 100.000$ im Vergleich zu einer vom Hersteller des Inserts verwendeten Gleichung mit einer Abweichung kleiner -3,7 % und + 9,1 %.

5.1.2 Einphasiger Wärmeübergang

Der einphasige Wärmeübergang des hiTRAN-Inserts wurde anhand der Einzelmessungen der Naturumlaufverdampfung für Wasser und Wasser-Glycerin bei einem Betriebsdruck von $p_{BA} = 0{,}2$ bar ermittelt, vgl. Kap. 4.2.2, 4.2.5. Im Zeitraum der Versuche kam es zu einem teilweisen Ausfall der heizseitigen Kondensaterfassung. Aus diesem Grund werden alle Messergebnisse unter Nutzung der produktseitig erfassten Wärmeströme verwendet. Die Messdaten umfassen einen Strömungsbereich von $1{,}4 \le \mathrm{Re} \le 4390$ bei Prandtl-Zahlen von $2{,}9 \le \mathrm{Pr} \le 21{,}8$. Ebenso wie beim Druckverlust ist beim Wärmeübergang kein Umschlagspunkt in Abhängigkeit von der Reynolds-Zahl festzustellen. Da durch Verwendung des hiTRAN-Inserts auch bei geringen Reynolds-Zahlen Quervermischungen auftreten, wird eine einphasige Wärmeübergangskorrelation für turbulente Strömungen der Form

$$\mathrm{Nu} = a \cdot \mathrm{Re}^{b} \cdot \mathrm{Pr}^{c} \cdot \left(\frac{\mathrm{Pr}}{\mathrm{Pr}_{W,i}} \right)^{d} \tag{5.2}$$

an die Messdaten angepasst. Der Term $\mathrm{Pr} / \mathrm{Pr}_{W,i}$ dient (auch im Folgenden) zur Korrektur der Stoffwerte an der Rohrwand. Die Anpassung ergibt für das verwendete Insert

$$\mathrm{Nu} = 0{,}25 \cdot \mathrm{Re}^{0{,}627} \cdot \mathrm{Pr}^{0{,}33} \cdot \left(\frac{\mathrm{Pr}}{\mathrm{Pr}_{W,i}} \right)^{0{,}71} \tag{5.2 b}$$

mit einem Bestimmtheitsmaß von $R^2 = 0{,}94$ zwischen experimentell ermittelten und berechneten Werten. Der Vergleich zwischen berechneten und experimentell ermittelten Nusselt-Zahlen ist in Abb. 5.2 dargestellt.

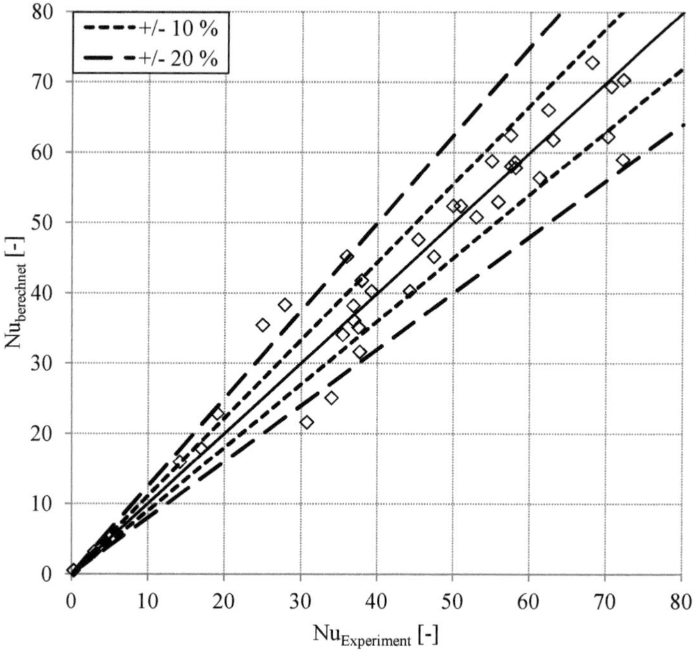

Abb. 5.2: Berechnete und experimentell bestimmte Nusselt-Zahlen für das hiTRAN- Insert

Über den gesamten Bereich der Nusselt-Zahlen ist eine gute Übereinstimmung zwischen berechneten und experimentell ermittelten Werten festzustellen. Ein Großteil der berechneten Nusselt-Zahlen stimmt mit weniger als +/- 10 % Abweichung mit den experimentellen überein. Lediglich sechs berechnete Werte weichen gegenüber den experimentellen Nusselt-Zahlen um mehr als 20 % ab.

5.1.3 Zweiphasiger Druckverlust

Die Messdaten zur Ermittlung der zweiphasigen Druckverluste entstammen der Fluiddynamikanlage mit Luft als zweiter Phase und den Naturumlaufmessungen der Verdampferanlage mit Wasser und Wasser-Glycerin als Versuchsmedium und Wasserdampf als zweiter Phase. Hierbei ist zu berücksichtigen, dass bei der Verwendung der Fluiddynamikapparatur ein vernachlässigbar geringer Beschleunigungsdruckverlust durch die Ausdehnung der Gasphase auftritt, während bei der Verdampferanlage aufgrund des Phasenwechsels dieser Druckverlust einen größeren Einfluss hat. Da in der Verdampferanlage eine experimentelle Ermittlung des Beschleunigungsdruckverlustes nicht möglich war, geht dieser Druckverlustanteil mit in den Reibungsdruckverlust ein. Zudem werden die in Kapitel

5.1.1 ermittelten Berechnungskorrelationen des einphasigen Druckverlustes auch für die Berechnung des Druckverlustes der Gas- bzw. Dampfströmung verwendet. Zur Modellierung des zweiphasigen Druckverlustes wird das heterogene Druckverlustmodell von Lockhart, Martinelli [Lockhart, Martinelli, 1949] verwendet. In diesem Modell wird der Druckverlust der zweiphasigen Strömung auf die einphasigen Druckverluste bezogen und mit Hilfe eines Zweiphasenmultiplikators berechnet.

$$\left(\frac{\Delta p}{L}\right)_{2Ph} = \Phi^2_{vap} \cdot \left(\frac{\Delta p}{L}\right)_{vap} = \Phi^2_{liq} \cdot \left(\frac{\Delta p}{L}\right)_{liq} \tag{5.3}$$

Zur Bestimmung des Zweiphasenmultiplikators werden die Druckverluste der flüssigen und gas- bzw. dampfförmigen Phase berechnet und in einem Druckverlustquotienten X zusammengefasst.

$$X = \left(\frac{\frac{\Delta p_{liq}}{L}}{\frac{\Delta p_{vap}}{L}}\right)^{0,5} \tag{5.4}$$

Hierbei werden die einphasigen Druckverluste so berechnet, als ob nur die jeweilige Phase das Rohr durchströmen würde. Anhand der experimentell ermittelten zweiphasigen Druckverluste und der berechneten einphasigen Druckverluste lässt sich die Abhängigkeit zwischen Zweiphasenmultiplikator und Druckverlustquotient für das hiTRAN-Insert darstellen, siehe Abb. 5.3. Hierbei weisen vereinzelte Messwerte eine deutlich erkennbare Abweichung zu den anderen Messwerten auf und wurden zur Ermittlung des Potenzansatzes nicht verwendet. Gründe für die Abweichungen der Messwerte sind insbesondere die örtliche Auflösung der Thermoelemente zur Bestimmung der Verdampfungszonenlänge und eine große Messunsicherheit bei geringen Umlaufströmen und Dampfanteilen.

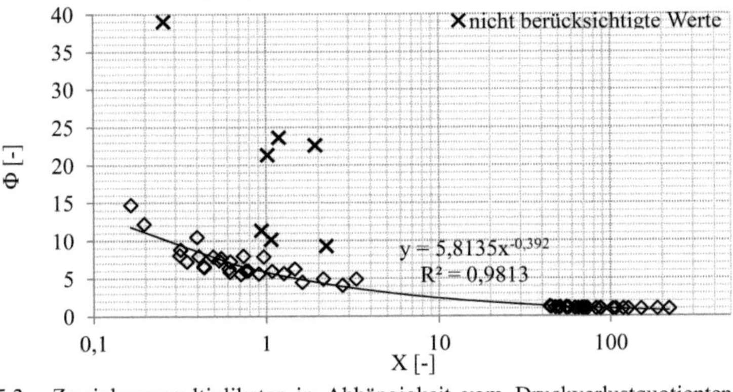

Abb. 5.3: Zweiphasenmultiplikator in Abhängigkeit vom Druckverlustquotienten für das hiTRAN-Insert

Wie in Abb. 5.3 erkennbar, lässt sich der Zweiphasenmultiplikator für alle Druckverlustkoeffizienten gut mit Hilfe der Potenzfunktion

$$\Phi = 5{,}8135 \cdot X^{-0{,}392} \tag{5.5}$$

beschreiben. Der Zweiphasenmultiplikator weist in Abhängigkeit vom Druckverlustkoeffizienten keine sprunghaften Änderungen auf, die durch einen Wechsel der zweiphasigen Strömungsform auftreten können. Der Grund hierfür ist die Eigenschaft des hiTRAN-Inserts, die Gas- bzw. Dampfblasen zu zerteilen und die zwei Phasen miteinander zu dispergieren, was bei Verwendung eines durchsichtigen Polymethylmethacrylat-Rohrs mit hiTRAN-Insert optisch zu beobachten war. Hierdurch entsteht im Vergleich zum Glattrohr eine homogenere Zweiphasenströmung mit deutlich geringeren Druckschwankungen zwischen den Messstellen.

5.1.4 Zweiphasiger Wärmeübergang

Zur Berechnung des Wärmeübergangs im Zweiphasengebiet sind Kenntnisse über die Oberflächeneigenschaften des Verdampferrohrs sowie der zur Dampfblasenbildung benötigten Überhitzung erforderlich. Da bei den Verdampfungsversuchen keine optische Zugänglichkeit des Verdampferrohrs besteht, ist eine Beurteilung des Siedezustands nur auf Grundlage der Messdaten möglich. Wie in Kapitel 4 dargestellt, vergrößert sich durch Verwendung des hiTRAN-Inserts die Wärmestromdichte in der Verdampfungszone mit steigender treibender Temperaturdifferenz insbesondere im Bereich großer treibender Temperaturdifferenzen. Dies deutet darauf hin, dass mit Aufheizung der Verdampferrohrwand Blasensieden eintritt und mit zunehmender Wandtemperatur mehr Keimstellen zur Blasenbildung aktiviert werden. Da keine optische Zugänglichkeit des Verdampferrohrs besteht, ist ein geeignetes Modell zur Beschreibung des zweiphasigen Wärmeübergangs mit Hilfe der Messdaten zu ermitteln. Die Art des Wärmeübergangs lässt sich anhand der Abhängigkeit zwischen der Wärmestromdichte und dem rohrseitigen Wärmeübergangskoeffizienten erkennen. Für das konvektive Sieden ist keine bzw. nur eine geringe Abhängigkeit des Wärmeübergangskoeffizienten von der Wärmestromdichte zu erwarten, während beim Blasensieden insbesondere durch die Aktivierung weiterer Keimstellen der Wärmeübergangskoeffizient mit steigender Wärmestromdichte deutlich zunimmt [Steiner, 2006]. Die Ergebnisse der mit dem hiTRAN-Insert durchgeführten Versuche mit Wasser sowie dem Wasser-Glycerin Gemisch bei einem Betriebsdruck von $p_{BA} = 0{,}2$ bar sind in Abb. 5.4 dargestellt.

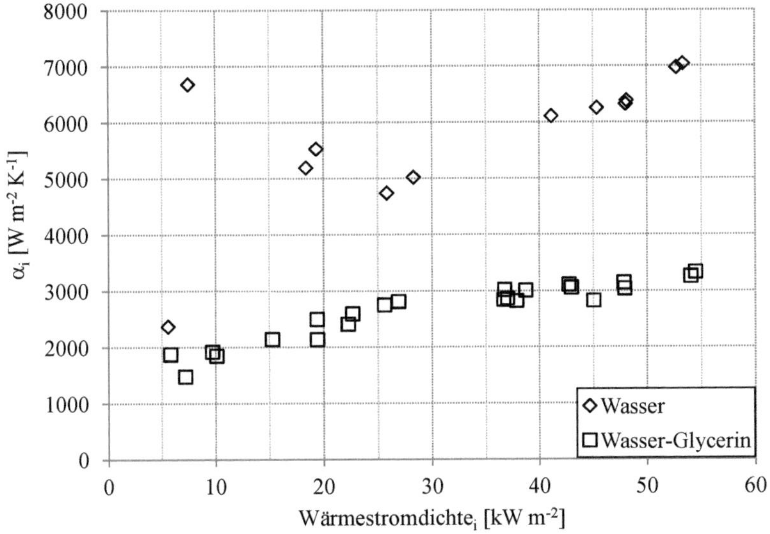

Abb. 5.4: Wärmeübergangskoeffizienten bei Verwendung des hiTRAN-Inserts in Abhängigkeit zur Wärmestromdichte, Produktseite: Wasser, Wasser-Glycerin, $p_{BA} = 0{,}2$ bar, Heizseite: Wasser

Die ermittelten Wärmeübergangskoeffizienten der Wasserversuche liegen mit Ausnahme eines Wertes zwischen 4741 W m^{-2} K^{-1} $\leq \alpha_i \leq$ 7035 m^{-2} K^{-1}; ein eindeutiger Trend des Wärmeübergangskoeffizienten mit steigender Wärmestromdichte ist nicht erkennbar. Bei den Messungen des Wasser-Glycerin Gemisches betragen die Wärmeübergangskoeffizienten 1482 W m^{-2} K^{-1} $\leq \alpha_i \leq$ 3330 m^{-2} K^{-1}. Mit zunehmender Wärmestromdichte bis $\dot{q} = 36{,}5$ kW m^{-2} ist ein nahezu linearer Anstieg des Wärmeübergangskoeffizienten festzustellen. Bei steigender Wärmestromdichte sind die ermittelten Wärmeübergangskoeffizienten konstant bei $\alpha_i \approx 3000$ W m^{-2} K^{-1}. Da weder beim Versuchsstoff Wasser noch bei den Messungen des Wasser-Glycerin Gemisches eine signifikante Zunahme des Wärmeübergangskoeffizienten mit steigender Wärmestromdichte für den gesamten Messbereich festzustellen ist, wird für das hiTRAN-Insert das Modell des konvektiven Siedens zur Beschreibung des zweiphasigen Wärmeübergangskoeffizienten verwendet. Wie in Gleichung (2.33) gezeigt, ist der zweiphasige Wärmeübergangskoeffizient des konvektiven Siedens abhängig vom Massenstromdampfgehalt, den Dichten der Dampf- und Flüssigphase sowie von den Wärmeübergangskoeffizienten der zwei Phasen. Die einphasigen Wärmeübergangskoeffizienten wurden nach Gl. (5.2 b) mit den Mittelwerten der Temperatur und des Drucks der Verdampfungszone berechnet. Hierbei wurde aufgrund des sehr geringen Glycerinanteils die Dampfphase als reiner Wasserdampf angenommen. Durch Anpassung von

Gl. (2.33) an die Messwerte berechnet sich der zweiphasige Wärmeübergangskoeffizient des hiTRAN-Inserts zu

$$\alpha_{konvS} = \left\{ (1-\dot{x})^{0,01} \cdot \left[(1-\dot{x})^{3,816} + 0,724 \cdot \dot{x}^{1,575} \cdot \left(\frac{\rho_{liq}}{\rho_{vap}} \right)^{-1,346} \right]^{-5,878} \right.$$
$$\left. + \dot{x}^{0,01} \cdot \left[\frac{\alpha_{vap}}{\alpha_{liq}} \left(1 + 3,89 \cdot 10^{-6} \cdot (1-\dot{x})^{-5,733} \cdot \left(\frac{\rho_{liq}}{\rho_{vap}} \right)^{2,021} \right) \right]^{0,59} \right\}^{0,664} \cdot \alpha_{liq} \quad . \qquad (2.33\ b)$$

Das Bestimmtheitsmaß zwischen berechneten und experimentell ermittelten Werten beträgt $R^2 = 0,8$. Mit Hilfe der Gleichung (2.33 b) lassen sich die experimentell ermittelten Wärmeübergangskoeffizienten gut berechnen, siehe Abb. 5.5. Etwa 77 % der Messwerte lassen sich durch die Korrelation mit einer Abweichung kleiner 20 % beschreiben.

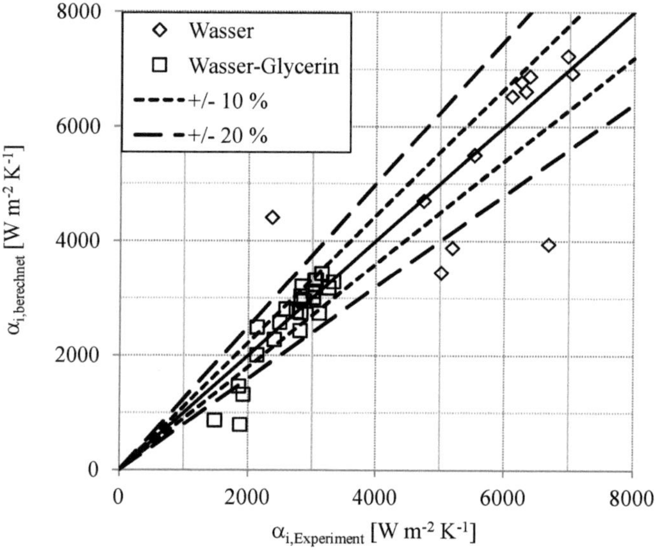

Abb. 5.5: Vergleich zwischen berechneten und experimentell ermittelten Wärmeübergangskoeffizienten für den zweiphasigen Wärmeübergang mit hiTRAN-Insert

5.2 Innenberipptes Rohr

5.2.1 Einphasiger Druckverlust

Wie in Kapitel 4.1 beschrieben, weisen die Druckverluste zwischen laminarem und turbulentem Strömungsbereich einen Umschlagspunkt bei Verwendung des innenberippten Rohrs auf. Somit ist eine getrennte Beschreibung des Druckverlustes für diese Strömungsbereiche erforderlich. Die ermittelten einphasigen Widerstandsbeiwerte für das berippte Rohr sind in Abb. 5.6 dargestellt.

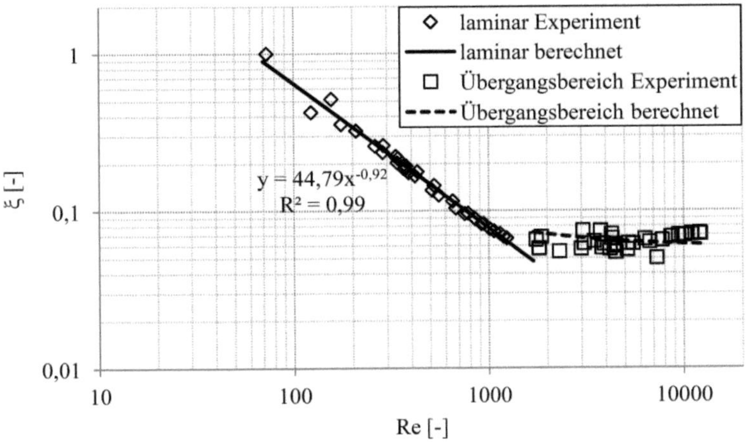

Abb. 5.6: Widerstandsbeiwert des innenberippten Rohrs

Für Re $\leq$ 1700 lässt sich der Druckverlustbeiwert des berippten Rohrs gut mit einem Potenzansatz beschreiben in der Form

$$\zeta = 44{,}79 \cdot \mathrm{Re}^{-0{,}92}. \tag{5.6}$$

Mit Erreichen einer Reynolds-Zahl von Re > 1700 sind Schwankungen im Druckverlust festzustellen. Für diesen Strömungsbereich wird die in Kapitel Lab des VDI-Wärmeatlas [VDI 2006] empfohlene implizite Gleichung verwendet und die absolute Rauigkeit anhand der Messwerte ermittelt. Für das innenberippte Rohr ergibt sich eine Rauigkeit von K = 0,00051 m. Der Widerstandsbeiwert errechnet sich somit aus

$$\frac{1}{\sqrt{\zeta}} = -2 \cdot \lg\left(\frac{2{,}51}{\mathrm{Re} \cdot \sqrt{\zeta}} + \frac{0{,}00051 / d_i}{3{,}71} \right). \tag{2.42 b}$$

Die nach Gl. (5.6) und Gl. (2.42 b) ermittelten Widerstandsbeiwerte zeigen eine gute Übereinstimmung mit den experimentellen Ergebnissen. Bei Re = 1700 ist ein Sprung zwischen den Korrelationen für den laminaren sowie den turbulenten Strömungszustand erkennbar. Dieser fällt jedoch gering aus. Zudem zeigen die Messwerte für Re ≈ 1700, dass in diesem Strömungsbereich Druckverluste zwischen den Grenzen der Korrelationen auftreten. Die prozentuale Übereinstimmung zwischen experimentell ermittelten und berechneten Druckverlustbeiwerten ist in Abb. A.2.4 dargestellt.

5.2.2 Einphasiger Wärmeübergang

Beim innenberippten Rohr wurden sowohl einphasige Wärmeübergangsmessungen mit Zwangsumlauf als auch Naturumlaufversuche zur Ermittlung des einphasigen Wärmeübergangs durchgeführt. Im Folgenden werden die Berechnungskorrelationen zur Anpassung der Messergebnisse bei Zwangsumlauf vorgestellt. Die Zwangsumlaufmessungen erfolgten mit Wasser und einem Wasser-Glycerin Gemisch als Versuchsmedien in einem Strömungsbereich von $93 \leq Re \leq 96.390$. Für Re > 10.000 wurden die Messdaten aus [Hammerschmidt, 2011] verwendet.

Der Wärmeübergang von Rohrströmungen lässt sich anhand von Kennzahlen unter Berücksichtigung von Stoff- und Geometriedaten abschätzen. Wagner [Wagner, 2005] empfiehlt zur Berechnung der Nusselt-Zahl für die laminare Rohrströmung (Re < 2300)

$$Nu_l = 1{,}61 \cdot Gz^{1/3} \tag{5.7}$$

mit der Graetz-Zahl $Gz > 10^3$

$$Gz = Re \cdot Pr \cdot d_i / L_{VR}\,. \tag{5.8}$$

Zur Ermittlung der Berechnungsgleichung für das innenberippte Rohr wird Gl. (5.7) in der Form

$$Nu_l = a \cdot Gz^b \cdot \left(\frac{Pr}{Pr_{W,i}} \right)^c \tag{5.9}$$

für $Re \leq 2300$ verwendet und die Paramter a, b, c an die Messergebnisse angepasst. Im Übergangsbereich mit 2300 < Re < 10.000 wird die Korrelation

$$Nu_{\ddot{U}} = a \cdot \left(Re^b + c \right) \cdot Pr^d \cdot \left[1 + \left(\frac{d_i}{L} \right)^e \right] \cdot \left(\frac{Pr}{Pr_{W,i}} \right)^f \tag{5.10}$$

zur Anpassung an die Messwerte verwendet, für den voll turbulenten Bereich mit $Re \geq 10.000$ wird Gleichung (5.2) verwendet. Die Ergebnisse der Korrelationsanpassungen sowie die experimentell abgesicherten Bereiche der Reynolds- und Prandtl-Zahlen sind in Tab. 5.1 dargestellt.

Tab. 5.1: Einphasige Wärmeübergangskorrelationen für das berippte Rohr

Bereich der Messdaten	**Gl.**	**a**	**b**	**c**	**d**	**e**	**f**	**R^2**
$93 \leq Re \leq 2210$ $2{,}55 \leq Pr \leq 78{,}52$	5.9	3,423	0,424	-1,846	-	-	-	0,875
$2306 \leq Re \leq 9674$ $1{,}68 \leq Pr \leq 16{,}23$	5.10	0,043	0,744	-280	0,889	0,071	-	0,880
$10549 \leq Re \leq 96390$ $1{,}65 \leq Pr \leq 1{,}73$	5.2	2,375	0,225	2,875	-1,466	-	-	0,886

Mit Hilfe der Anpassungsparameter können für die unterschiedlichen Strömungsbereiche und Korrelationen gute Bestimmtheitsmaße zwischen den experimentell ermittelten und den berechneten Nusselt-Zahlen erreicht werden. Anlagentechnisch konnten nicht alle Reynolds-Zahlen für Re < 100.000 unter Verwendung des Wasser-Glycerin Gemisches untersucht werden. Aus diesem Grund unterscheiden sich die experimentell abgesicherten Bereiche der Prandtl-Zahlen für die unterschiedlichen Strömungszustände. Insbesondere im voll turbulenten Bereich liegen nur noch Messungen mit Wasser als Versuchsmedium vor. Die Beschränkung auf die verwendeten Stoffsysteme ist bei der Verwendung der Korrelationen zu beachten. In Abb. 5.7 ist der Vergleich zwischen experimentell ermittelten und berechneten Nusselt-Zahlen dargestellt.

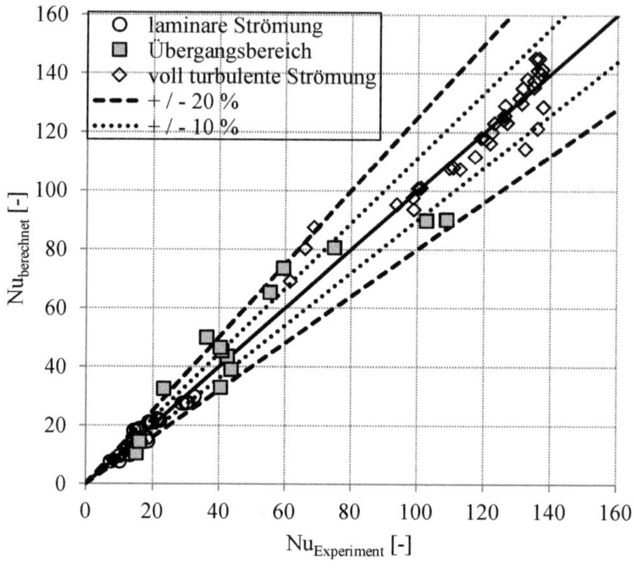

Abb. 5.7: Berechnete und experimentell bestimmte Nusselt-Zahlen für das innenberippte Rohr

Im gesamten Bereich der Messwerte zeigen die berechneten Nusselt-Zahlen eine gute Übereinstimmung mit den experimentell bestimmten. Für einen Großteil der Messwerte beträgt die Abweichung weniger als 10 %, nur bei vereinzelten Messwerten weichen die berechneten Nusselt-Zahlen um mehr als 20 % von den experimentell ermittelten ab.

Im Vergleich zu den im Zwangsumlauf ermittelten Wärmeübergangskoeffizienten ergibt sich aus den Naturumlaufmessungen ein deutlich verbesserter Wärmeübergang, vgl. Abb. A.2.5 (im Anhang). Ein Grund hierfür ist der im Naturumlauf z. T. stark schwankende mittlere Umlaufstrom. Aufgrund von Umlaufstromschwankungen wird die thermische Grenzschicht im Naturumlaufbetrieb gestört und der Wärmeübergang verbessert. Weiterhin kann im Naturumlaufbetrieb bei ausreichender Wandüberhitzung in der Aufheizzone unterkühltes Sieden mit Dampfblasenbildung auftreten. Dieser Wärmeübergangsmechanismus zeichnet sich gegenüber dem konvektiven Wärmeübergang durch erhöhte Wärmeübergangskoeffizienten aus. Bei der Verwendung des Thermoelementspanndrahtes im Naturumlaufbetrieb ist die radiale Position der Thermoelemente im Verdampferrohr nicht exakt lokalisierbar. Insbesondere bei schwankendem Umlaufverhalten ist von einer radialen Bewegung des Spanndrahtes und einer daraus resultierenden Unsicherheit bei der Bestimmung des Temperaturprofils in der Kernströmung auszugehen.

5.2.3 Zweiphasiger Druckverlust

Die Messdaten zur Ermittlung der zweiphasigen Druckverluste für das innenberippte Rohr entstammen der Fluiddynamikanlage mit Luft als zweiter Phase und den Naturumlaufmessungen der Verdampferanlage mit Wasser als Versuchsmedium und Wasserdampf als zweiter Phase. Wie beim hiTRAN-Insert wird das Modell von Lockhart und Martinelli zur Beschreibung der zweiphasigen Druckverluste verwendet. Die Beschreibung des Zweiphasenmultiplikators mit Hilfe einer Potenzfunktion für den gesamten Bereich der Druckverlustkoeffizienten ist nicht möglich, siehe Abb. 5.8.

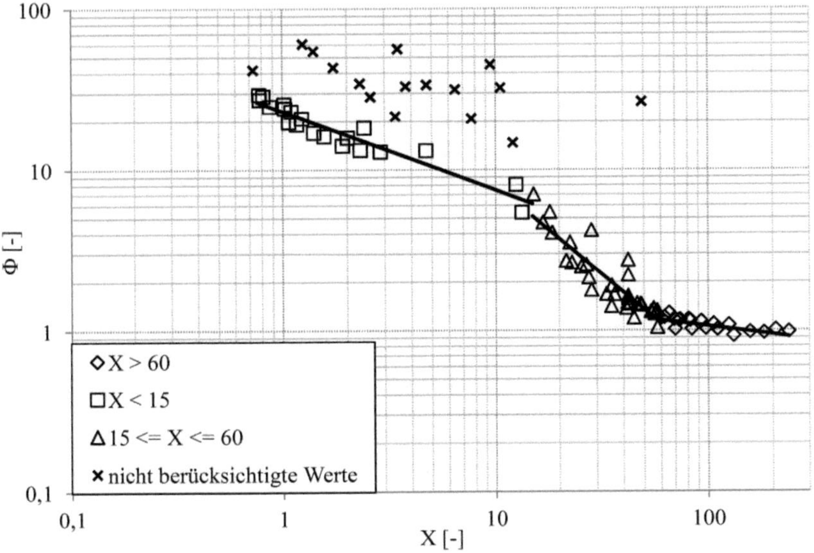

Abb. 5.8: Zweiphasenmultiplikator in Abhängigkeit vom Druckverlustquotienten für das berippte Rohr

Zur Ermittlung von Berechnungsgleichungen des Zweiphasenmultiplikators aus den Druckverlustquotienten wurden die Messergebnisse daher in drei Zonen eingeteilt und jeweils mit einem Potenzansatz beschrieben. Deutlich von den anderen Messwerten abweichende Messungen wurden für die Ermittlung der Gleichungen ausgenommen. Bei der Auswertung der Messdaten ist insbesondere bei Druckverlustquotienten $X \leq 12$ eine erhebliche Streuung der Messwerte festzustellen. In diesem Bereich entstammen die Messdaten der Verdampferanlage, wobei die zweiphasigen Druckverluste anhand der gemessenen Gleichgewichtstemperaturen in der Verdampfungszone bestimmt wurden. Die Gründe für die abweichenden Messwerte liegen neben den für das hiTRAN-Insert genannten Ursachen in dem im Naturumlaufbetrieb auftretenden pulsierenden Umlaufverhalten sowie in der Unsicherheit des Temperaturprofils aufgrund radialer Bewegungen des Thermoelementspanndrahtes. Die Abhängigkeit des Zweiphasenmultiplikators vom Druckverlustkoeffizienten in den drei Bereichen wird mit einer Gleichung der Form $\Phi = a \cdot X^b$ beschrieben. Tab. 5.2 zeigt die entsprechenden Parameter.

Tab. 5.2: Berechnung des Zweiphasenmultiplikators in Abhängigkeit vom Druckverlustkoeffizienten für das berippte Rohr: $\Phi = a \cdot X^b$

Gültigkeitsbereich	**a**	**b**	**R^2**
$0{,}78 \leq X < 15$	23,03	-0,49	0,91
$15 \leq X \leq 60$	103,67	-1,11	0,81
$60 < X \leq 239$	2,32	-0,17	0,56

Die vorgeschlagenen Berechnungskorrelationen für den zweiphasigen Druckverlust geben die Messwerte gut wieder. An den Übergangsstellen der Korrelationen kommt es zu geringen Sprüngen des Zweiphasenmultiplikatorwertes. Diese Sprünge fallen jedoch deutlich geringer aus als die Schwankungen der Messwerte an diesen Stellen.

5.2.4 Zweiphasiger Wärmeübergang

Die Daten zur Modellierung des zweiphasigen Wärmeübergangs sind den Wassermessungen der Naturumlaufverdampfung entnommen. Verwendet wurden die Messwerte aller Einzelmessungen mit einer Abweichung der integralen Wärmeströme zwischen Heiz- und Verdampfungsseite von weniger als 15 %. Da keine optische Zugänglichkeit des Verdampferrohrs gegeben ist, wird die erforderliche Wärmestromdichte zur Bildung von Dampfblasen an der Heizfläche für das innenberippte Rohr anhand der experimentellen Ergebnisse bestimmt. Hierzu sind die experimentell ermittelten Wärmeübergangskoeffizienten des zweiphasigen Gebietes gegen die Wärmestromdichte der Innenrohrfläche aufgetragen, siehe Abb. 5.9.

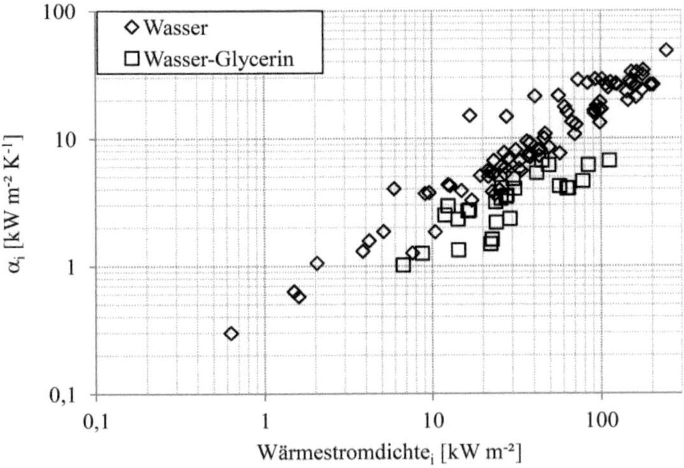

Abb. 5.9: Rohrseitiger Wärmeübergangskoeffizient in Abhängigkeit der Wärmestromdichte

Für rohrseitige Wärmestromdichten von $\dot{q} \leq 50$ kW m^{-2} K^{-1} liegen die experimentell ermittelten Wärmeübergangskoeffizienten mit Ausnahme vereinzelter Messwerte in einem Bereich von $\alpha_i \leq 10$ kW m^{-2} K^{-1}. In diesem Messbereich ist mit zunehmender Wärmestromdichte eine leichte Erhöhung der Wärmeübergangskoeffizienten festzustellen. Bei größeren Wärmestromdichten sind ein sprungartiger Anstieg der Wärmeübergangskoeffizienten sowie eine deutlich stärkere Zunahme der Wärmeübergangskoeffizienten mit steigender Wärmestromdichte erkennbar. Weiterhin weisen die Messwerte eine starke Streuung auf. Ein Grund für dieses Verhalten ist die vor allem bei hohen Wärmestromdichten auftretende Schwankung des Umlaufstroms. Um den Einfluss dieser Schwankung bei der Modellierung zu reduzieren, werden im Folgenden nur Messwerte verwendet, bei denen die Standardabweichung der Umlaufstromschwankung bezogen auf die mittlere Reynolds-Zahl bei einer Messung kleiner oder gleich 0,1 ist. Der Umschlag zwischen konvektivem Wärmeübergang und Blasensieden wird für das berippte Rohr mit einer Wärmestromdichte von $\dot{q} = 50$ kW m^{-2} K^{-1} abgeschätzt. Der Wärmeübergangskoeffizient des Blasensiedens berechnet sich nach Kapitel 2 aus

$$\alpha_{BS} = C_F \cdot \left(\frac{\dot{q}}{\dot{q}_0} \right) \cdot F(p/p_{krit}) \cdot F(d) \cdot F(W) \cdot \alpha_0 \cdot \tag{2.35}$$

Durch die Innenberippung verändert sich gegenüber dem Glattrohr der Einfluss der Wandeigenschaften auf den Wärmeübergang. Aus diesem Grund wird der Term F(W) an die Messdaten angepasst.

$$F(W) = \left(\frac{R_a}{10^{-6}\,m} \right)^a \tag{5.11}$$

Aus der Anpassung der Messwerte errechnet sich der Einfluss des innenberippten Rohrs auf den Wärmeübergangskoeffizienten des Blasensiedens zu

$$F(W) = \left(\frac{0{,}095\ m}{10^{-6}\,m} \right)^{0{,}224} . \tag{5.11 b}$$

Das Bestimmtheitsmaß zwischen experimentell ermittelten und berechneten Wärmeübergangskoeffzienten beträgt $R^2 = 0{,}81$. Der durch Anpassung der Messwerte ermittelte Mittenrauwert ist mit $R_a = 0{,}095$ m unrealistisch groß. Hierbei ist zu beachten, dass die dem Modell zugrundliegende Rauheit auf eine Kupferoberfläche mit einem arithmetischen Mittenrauhwert von $R_{a0} = 0{,}4\ \mu m$ bezogen ist [Gorenflo, 2006]. Beim untersuchten innenberippten Rohr liegt eine stark veränderte Oberflächengeometrie vor, so dass der große Rauhigkeitswert durch die starke Abweichung zum Bezugswert zu erklären ist.

Für Wärmestromdichten $\dot{q} \leq 50\ kW\ m^{-2}$ wird zur Berechnung des Wärmeübergangskoeffizienten bei konvektivem Sieden Gl. (2.33 b) verwendet. Für das konvektive Sieden errechnet sich der Wärmeübergangskoeffizient des innenberippten Rohrs zu

$$\alpha_{konvS} = \left\{ (1-\dot{x})^{0{,}01} \cdot \left[(1-\dot{x})^{3{,}888} + 3{,}143 \cdot \dot{x}^{24{,}003} \cdot \left(\frac{\rho_{liq}}{\rho_{vap}} \right)^{19{,}815} \right]^{-0{,}118} + \dot{x}^{0{,}01} \cdot \left[\frac{\alpha_{vap}}{\alpha_{liq}} \left(1 + 5{,}677 \cdot (1-\dot{x})^{2{,}199} \cdot \left(\frac{\rho_{liq}}{\rho_{vap}} \right)^{7{,}851} \right) \right]^{-0{,}007} \right\}^{-2{,}19} \cdot \alpha_{liq} . \tag{2.33 c}$$

Das Bestimmtheitsmaß zwischen experimentell ermittelten und berechneten Werten beträgt $R^2 = 0{,}82$. Für alle verwendeten Messwerte sind die berechneten und experimentell ermittelten zweiphasigen Wärmeübergangskoeffizienten des innenberippten Rohrs in Abb. 5.10 dargestellt.

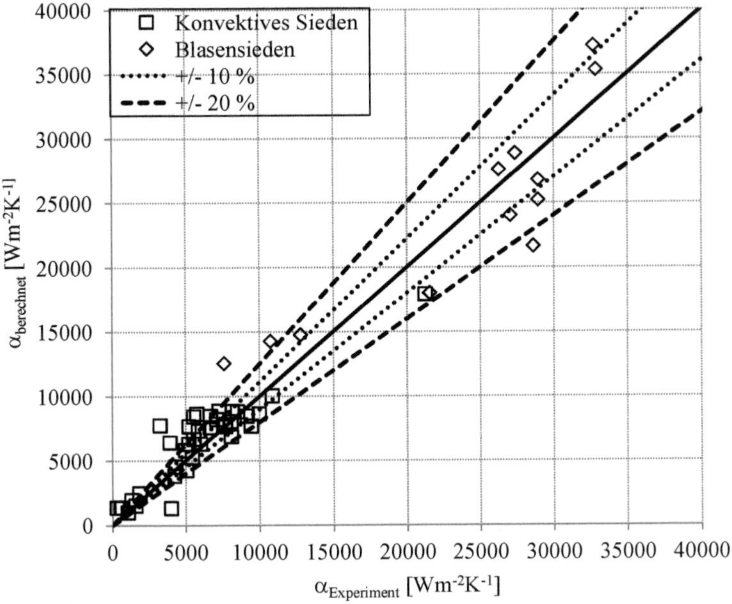

Abb. 5.10: Zweiphasiger Wärmeübergang innenberipptes Rohr, Versuchsmedium: Wasser

Zwischen den berechneten und den experimentellen Wärmeübergangskoeffizienten ist eine gute Übereinstimmung erkennbar. Ein Großteil der berechneten Werte weicht um weniger als 10 % von den experimentell ermittelten ab. Im Bereich des Blasensiedens liegen aufgrund starker Umlaufstromschwankungen im Vergleich zum konvektiven Sieden eine geringere Anzahl an Messwerte vor.

Die Eignung der ermittelten Korrelationen zur Vorausberechnung der Naturumlaufverdampfung ist zu überprüfen. Hierzu wird im folgenden Kapitel ein Simulationsprogramm vorgestellt, welches die Korrelationen nutzt, um den Wärmeübergang und die Druckverluste segmentweise zu berechnen.

6 Simulation

Aufgrund der Kopplung von Fluiddynamik und Wärmeübergang ist für die Vorausberechnung von Naturumlaufverdampfern ein iteratives Berechnungsverfahren erforderlich. Ein etabliertes Modell zur Berechnung von Reinstoffen wurde von Dialer [Dialer, 1983] erstellt und von Kaiser [Kaiser, 1988] für Gemische erweitert. Weiterhin wurde ein leichter zu handhabendes Berechnungsmodell von Arneth [Arneth, 1999] entwickelt. Alle genannten Modelle verwenden zu Beginn der Berechnung Schätzwerte wie beispielsweise die Länge der Aufheizzone oder den produktseitigen Wärmeübergangskoeffizienten. Da die Entwicklung der Berechnungsmodelle sehr aufwendig ist, werden zur Auslegung von Naturumlaufverdampfern in der Regel kommerzielle Programme wie beispielsweise Aspen Shell & Tube Exchanger von Aspen Tech [Aspen 2013], CC-THERM von Chemstations [Chemstations 2009], oder Xchanger Suite von Heat Transfer Research [HTRI, 2013] verwendet. Diese berechnen für einzelne Segmente des Verdampfers den Wärmeübergang und den Druckverlust. Die Vorausberechnung der Naturumlaufverdampfung für die untersuchten Turbulenzpromotoren ist bislang nicht möglich. Aus diesem Grund wurde hierfür ein segmentweise rechnendes, iteratives Simulationsprogramm in der Software MATLAB entwickelt. Um das Programm für unterschiedliche Stoffsysteme und Einbauten verwenden zu können, ist es modular aufgebaut. Mit Hilfe des Programms können die in Kapitel 5 entwickelten Berechnungskorrelationen für die Turbulenzpromotoren mit Messdaten verglichen und gegebenenfalls angepasst werden. Im Folgenden wird zunächst der Aufbau und die Funktionsweise des Programms dargestellt, siehe Abb. 6.1.

Im Programm sind die Geometriedaten der Versuchsanlage vorgegeben. Der Druckverlust im Zulaufbereich ist durch Widerstandsbeiwerte beschrieben und wird berechnet nach Kap. 2.2.1. Weiterhin ist das Stoffsystem der Produkt- und der Heizseite angegeben, sowie die gewünschte Zahl der Verdampferrohrsegmente. Für das verwendete Verdampferrohr mit einer Länge von L_{VR} = 1,5 m hat sich eine Segmentanzahl von n_{Seg} = 25 als vorteilhaft erwiesen. Eine größere Segmentanzahl erbrachte keine signifikante Verbesserung der Genauigkeit. Um den Rechenaufwand bzw. die Simulationsdauer möglichst gering zu halten, erfolgen die Simulationen mit dieser Segmentanzahl. Als Betriebsparameter werden der scheinbare Flüssigkeitsstand, der Druck im Brüdenabscheider, der Druck des Heizdampfes sowie die Eintrittstemperatur am Rohreintritt angegeben. Für den Start der iterativen Rechnung sind weitere Schätzwerte wie die Rohreinlaufgeschwindigkeit sowie die integrale Wärmestromdichte erforderlich. Die Qualität der Schätzwerte beeinflusst das Ergebnis der Simulation nicht; deutlich vom bestmöglichen Schätzwert abweichende Rohreinlaufgeschwindigkeiten und Wärmestromdichten können allerdings zu einem Programmabbruch oder deutlich erkennbar fehlerhaften Ergebnissen führen.

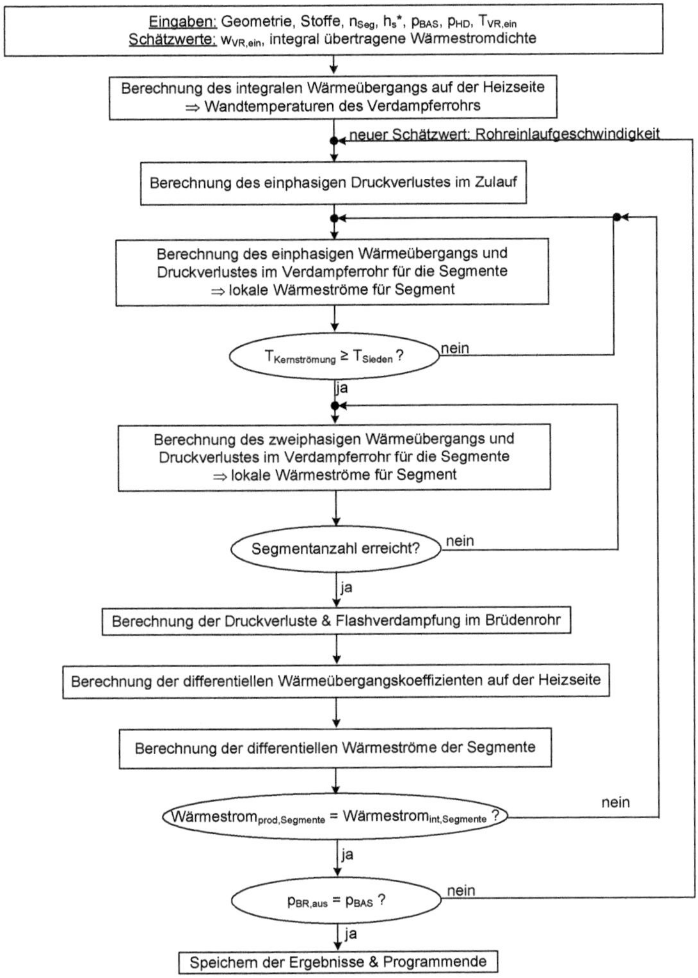

Abb. 6.1: Aufbau des Simulationsprogramms

Nach Programmstart wird in einem ersten Schritt der Wärmeübergang auf der Heizseite integral nach Kap. 2.1.1 berechnet. Hieraus ergeben sich für die erste Rechnung einheitliche rohrseitige Wandtemperaturen für alle Segmente des Verdampferrohrs. Anhand der Rohreinlaufgeschwindigkeit und den Widerstandsbeiwerten der Einlaufzone errechnet sich der Druck am Einlauf des Verdampferrohrs nach Kap. 2.2.1. Es folgt die segmentweise Berechnung des einphasigen Wärmeübergangs und Druckverlustes, siehe Kap. 2.1.2 und 2.2.1. Für die jeweiligen Segmente ergeben sich lokale Wärmestromdichten. Die berechnete

Temperatur am Segmentaustritt wird mit der Gleichgewichtssiedetemperatur des Drucks am Austritt verglichen. Ist die Siedetemperatur kleiner als die Strömungstemperatur am Austritt, beginnt die Verdampfungszone. Im Segment mit Wechsel zwischen ein- und zweiphasigem Wärmeübergang werden die Berechnungsgleichungen nach Kap. 2.3 verwendet. Das folgende Segment wird mit Korrelationen für den zweiphasigen Wärmeübergang und Druckverlust nach den Kapiteln 2.1.3 und 2.2.2 berechnet. Hieraus ergeben sich für die zweiphasigen Segmente des Verdampferrohrs lokale Wärmestromdichten. Nach Erreichen des letzten Verdampferrohrsegmentes erfolgt eine Druckverlustberechnung sowie Flash-Verdampfung für das Brüdenrohr, siehe Kap. 2.2.2. Aus den segmentweise übertragenen Wärmeströmen ergeben sich auf der Heizseite lokale Wärmeübergangskoeffizienten, die sich mit den berechneten Wärmewiderständen auf der Produktseite und dem Verdampferrohr zu einem integralen Wärmestrom der jeweiligen Segmente zusammenfassen lassen. Diese Wärmeströme werden im Folgenden mit den produktseitig ermittelten Wärmeströmen verglichen. Hierbei wird für jedes Segment eine Abweichung des produktseitigen Wärmestroms vom integralen Wärmestrom von bis zu 1,3 % als hinreichend genau angesehen. Ist keine ausreichende Übereinstimmung zwischen den Wärmeströmen gegeben, werden Wärmeübergang und Druckverlust im Verdampferrohr erneut berechnet. Aufgrund der zuvor erfolgten segmentweisen Berechnung liegen lokale Wandtemperaturen für die einzelnen Segmente vor. Ist eine Konvergenz zwischen den integralen und produktseitigen Wärmeübergangskoeffizienten erreicht, wird der Druck am Austritt des Brüdenrohrs mit dem vorliegenden Druck im Brüdenabscheider verglichen. Für scheinbare Flüssigkeitsstände $h_s^* < 108{,}3$ % entspricht der Druck im Brüdenabscheider dem erwarteten Austrittsdruck am Brüdenrohr. Für größere scheinbare Flüssigkeitsstände wird zusätzlich der hydrostatische Druck der Flüssigkeitssäule berücksichtigt. Zum Erreichen der Druckkonvergenz wird die Rohreinlaufgeschwindigkeit variiert. Die Konvergenz gilt als erreicht, wenn der Quotient zwischen dem berechneten und dem erwarteten Druck am Austritt des Brüdenabscheiders für sechs Nachkommastellen eins entspricht. Ist dies der Fall, speichert das Programm die ermittelten Daten in einem Excel-Arbeitsblatt. Dies geschieht für alle verwendeten Rohreinlaufgeschwindigkeiten.

6.1 Glattrohr

Im Folgenden werden die experimentell ermittelten Wärmeströme, Rohreinlaufgeschwindigkeiten und Temperaturprofile mit den Berechnungsergebnissen des Simulationsprogramms verglichen. Der Vergleich zwischen vorausberechneten Rohreinlaufgeschwindigkeiten mit den experimentell ermittelten Ergebnissen für Wasser bei einem Betriebsdruck von p_{BA} = 0,2 bar ist in Abb. 6.2 dargestellt. Für das Simulationsprogramm wurden dabei die Berechnungskorrelationen aus Kapitel 2 zur Berechnung des Wärmeübergangs sowie der Druckverluste verwendet. Im Vergleich mit den experimentell ermittelten Rohreinlaufgeschwindigkeiten zeigen die Simulationsergebnisse sowohl qualitativ als auch quantitativ eine gute Übereinstimmung. Bis zu einer treibenden Temperaturdifferenz von $\Delta T \leq 15$ K steigt die Rohreinlaufgeschwindigkeit von einem scheinbaren Flüssigkeitsstand h_s^* = 75 % stark an und erreicht bei h_s^* = 110 % ein lokales Maximum. Mit weiter steigendem Flüssigkeitsstand sinkt die Rohreinlaufgeschwindigkeit wieder ab. Dieses Verhalten ändert sich für treibende Temperaturdifferenzen $\Delta T \geq 20$ K. Sowohl in den Experimenten als auch in der Simulation wird eine geringe Zunahme der Rohreinlaufgeschwindigkeit bei der Erhöhung des scheinbaren Flüssigkeitsstands von h_s^* = 110 % auf h_s^* = 120 % ermittelt. Dies ist durch den erhöhten Druckverlust mit zunehmendem volumetrischen Dampfanteil zu erklären. Das Simulationsprogramm gibt diesen Einfluss gut wieder, überschätzt allerdings für treibende Temperaturdifferenzen $\Delta T \geq 26$ K den Druckverlust. So liegen die berechneten Rohreinlaufgeschwindigkeiten unterhalb der experimentell ermittelten. Die Übereinstimmung der Wärmeübergangsberechnungen mit den experimentellen Ergebnissen ist im Vergleich zur Fluiddynamik geringer, siehe Abb. 6.3. Für treibende Temperaturdifferenzen $\Delta T \leq 15$ K wird die übertragene Wärmestromdichte bei scheinbaren Flüssigkeitsständen $h_s^* \leq 90$ % von der Simulation unterschätzt. Ein Grund hierfür ist die Rohreinlaufgeschwindigkeit. Für das Versuchsmedium Wasser und die vorliegenden Betriebsbedingungen liegt der Umschlag zwischen laminarer und turbulenter Strömung von Re = 2300 bei $w_{VR,ein} \approx 0{,}07$ m s^{-1}. Das Simulationsprogramm rechnet für diese Strömungsgeschwindigkeiten in der Aufheizzone mit den in Kapitel 2.1.2 vorgestellten konservativen Gleichungen. Dies führt im Vergleich zum Experiment zu einer geringeren Wärmestromdichte für den konvektiven Wärmeübergang, einer Verlängerung der Aufheizzone sowie einer Verkürzung der Fläche mit zweiphasigem Wärmeübergang. Im Experiment sind bei diesen Bedingungen zum Teil erhebliche Schwankungen und ein pulsierendes Verhalten des Umlaufstroms festzustellen, siehe Abb. A.2.6. Kurzzeitig werden so Reynolds-Zahlen im turbulenten Strömungsbereich erreicht. Zudem stört das pulsierende Umlaufverhalten die thermische Grenzschicht erheblich, so dass sich der rohrseitige Wärmeübergang verbessert. Diese dynamischen Effekte werden in der Simulation nicht berücksichtigt und führen bei der Vorausberechnung zu geringeren integralen Wärmestromdichten. Bei treibenden Temperaturdifferenzen von $\Delta T \leq 20$ K und scheinbaren Flüssigkeitsständen $h_s^* > 100$ % stimmen die vorausberechneten Wärmestromdichten gut mit den experimentellen überein. Mit weiter steigender Beheizungstemperatur unterschätzt die Simulation die übertragenen Wärmestromdichten für alle scheinbaren Flüssigkeitsstände. Neben des Einflusses eines dynamischen Umlaufverhaltens kann dies auch durch einen erhöhten Wärmeübergang aufgrund von unterkühltem Sieden in der Aufheizzone erklärt werden. Die Verbesserung des Wärmeübergangs durch unterkühltes Sieden wird im Simulationsprogramm nicht berücksichtigt. Da während der Versuche keine Zugänglichkeit zum Verdampferrohr besteht, kann das Auftreten von Dampfblasen an der Verdampferrohrwand in der Aufheizzone optisch nicht bestätigt werden.

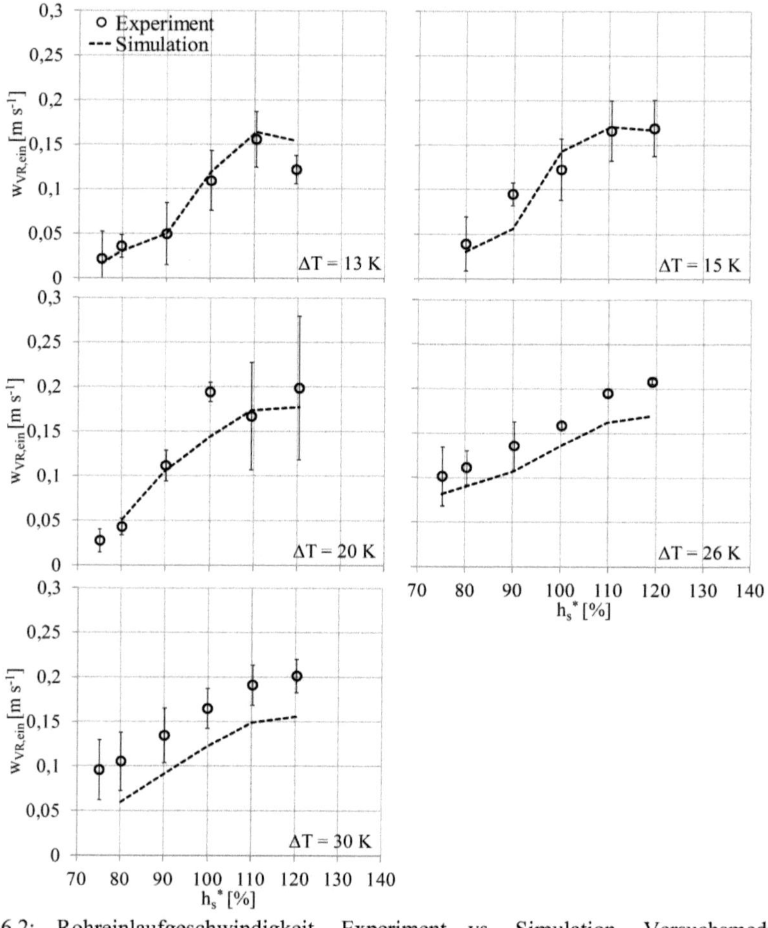

Abb. 6.2: Rohreinlaufgeschwindigkeit, Experiment vs. Simulation, Versuchsmedium: Wasser, 0,2 bar, Heizmedium: Wasser

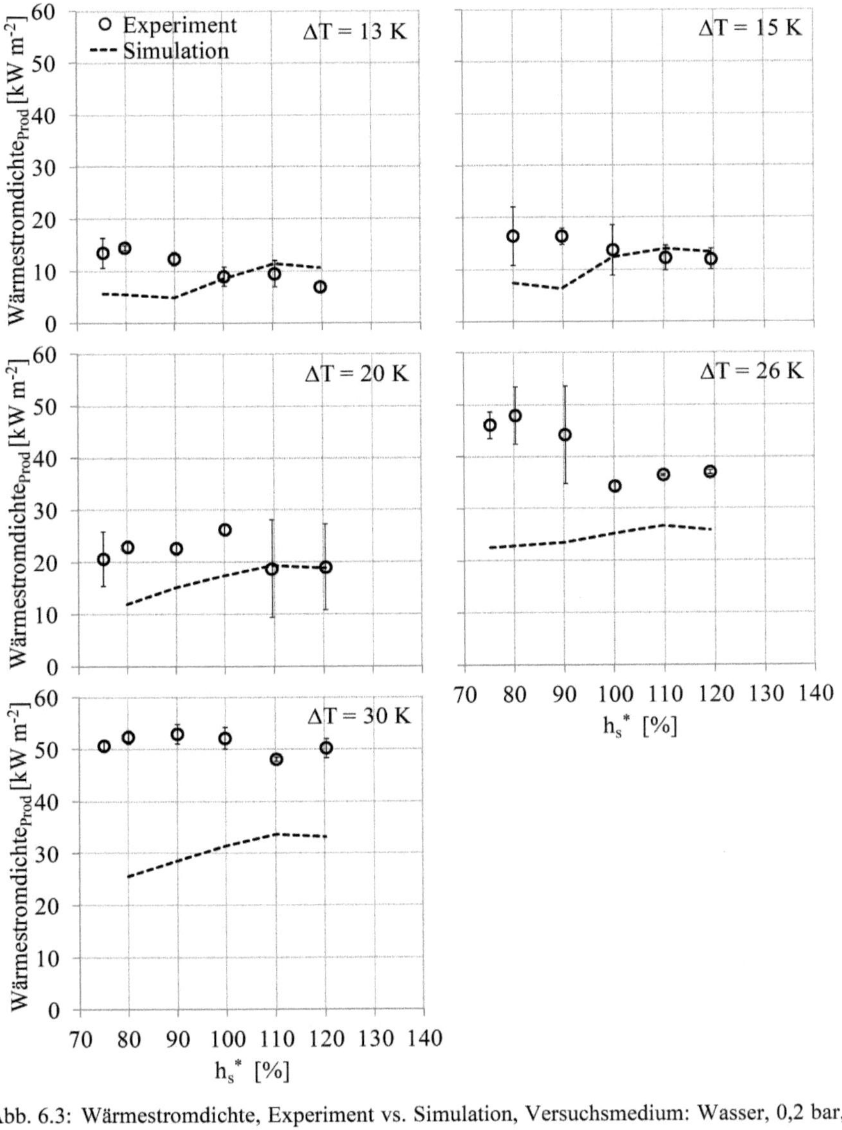

Abb. 6.3: Wärmestromdichte, Experiment vs. Simulation, Versuchsmedium: Wasser, 0,2 bar, Heizmedium: Wasser

Neben den integral ermittelten Wärmestromdichten können die in den Einzelversuchen ermittelten Temperaturprofile verwendet werden, um die Qualität der Korrelationen für den einphasigen und zweiphasigen Druckverlust sowie für den einphasigen Wärmeübergang zu bewerten. Hierzu sind gemessene Temperaturprofile von Strömung und Wand bei einem Systemdruck von p_{BA} = 0,2 bar für jeweils drei unterschiedliche scheinbare Flüssigkeitsstände und einer treibenden Temperaturdifferenz von 13 K $\leq \Delta T \leq$ 30 K denen des Simulationsprogramms gegenübergestellt, siehe Abb. 6.4. Die Simulation gibt das Verhalten der Messungen qualitativ wieder. Mit steigender treibender Temperaturdifferenz und sinkendem scheinbaren Flüssigkeitsstand verkürzt sich die Aufheizzone sowohl bei den Messungen als auch in der Simulation. Durch die Temperaturänderung in der Kernströmung lässt sich bei gleicher Rohreinlaufgeschwindigkeit zwischen Simulation und Experiment erkennen, ob die verwendeten Korrelationen den experimentell ermittelten Wärmeübergang in der Aufheizzone gut wiedergeben können. Dies ist für alle in Abb. 6.4 dargestellten Temperaturverläufe mit einem scheinbaren Flüssigkeitsstand $h_s^* \geq$ 100 % der Fall. Für scheinbare Flüssigkeitsstände von h_s^* = 80 % weichen die simulierten Kernströmungstemperaturen für treibende Temperaturdifferenzen $\Delta T \leq$ 26 K zum Teil deutlich von den Simulationsergebnissen ab. Dies ist durch das bei diesen scheinbaren Flüssigkeitsständen auftretende instabile Umlaufverhalten zu erklären. Während in der Realität zum Teil Schwankungen des Umlaufes zwischen Stillstand und sehr schneller Strömung zu beobachten sind, wird im Simulationsprogramm mit einer stationären Strömungsgeschwindigkeit gerechnet, die für diese scheinbaren Flüssigkeitsstände zumeist im laminaren Strömungsbereich liegen. Hierdurch wird in der Simulation der Wärmeübergang in der Aufheizzone für niedrige scheinbare Flüssigkeitsstände h_s^* = 80 % zum Teil deutlich unterschätzt und damit eine längere Aufheizzone berechnet, als experimentell ermittelt. Dass in der Aufheizzone ein geringer Wärmestrom übertragen wird, ist ebenso an der Differenz zwischen berechneten Innen- und Außenwandtemperaturen des Verdampferrohrs zu erkennen. Während diese in der Aufheizzone sehr gering ist, werden in der Verdampfungszone deutlich größere Wärmestromdichten erreicht. Bei scheinbaren Flüssigkeitsständen $h_s^* \geq$ 100 % wird der Temperaturverlauf in der Kernströmung von der Simulation gut wiedergegeben. In diesem Bereich liegt zumeist ein stabiler Umlauf im turbulenten Strömungsbereich vor. Neben dem Wärmeübergang wird auch der einphasige Druckverlust gut durch die Korrelationen der Simulation beschrieben. So werden die Längen bis zum Erreichen des Pinch-Punktes sowie die Temperatur bei Siedebeginn gut vorausberechnet. Im Zweiphasengebiet sinken die experimentell ermittelten Temperaturen stärker ab als die vorausberechneten. Somit unterschätzt die Simulation den zweiphasigen Druckverlust. Da die Rohreinlaufgeschwindigkeiten von der Simulation sehr gut vorausberechnet bzw. für Temperaturdifferenzen von $\Delta T \geq$ 26 K unterschätzt wurden, ist davon auszugehen, dass die berechneten Druckverluste im Brüdenrohr gegenüber dem Experiment überschätzt werden. Im Hinblick auf die experimentell ermittelten höheren integralen Wärmestromdichten kann auch ein größerer vorliegender Dampfanteil in der Kernströmung den gemessenen stärkeren Druckabfall gegenüber der Simulation erklären. Die

Temperaturen der Verdampferrohrwand werden vom Simulationsprogramm für $h_s^* \geq 100$ % sowohl qualitativ als auch quantitativ gut berechnet. So liegen die gemessenen Temperaturen zumeist zwischen den berechneten der Innen- und Außenwand des Verdampferrohrs.

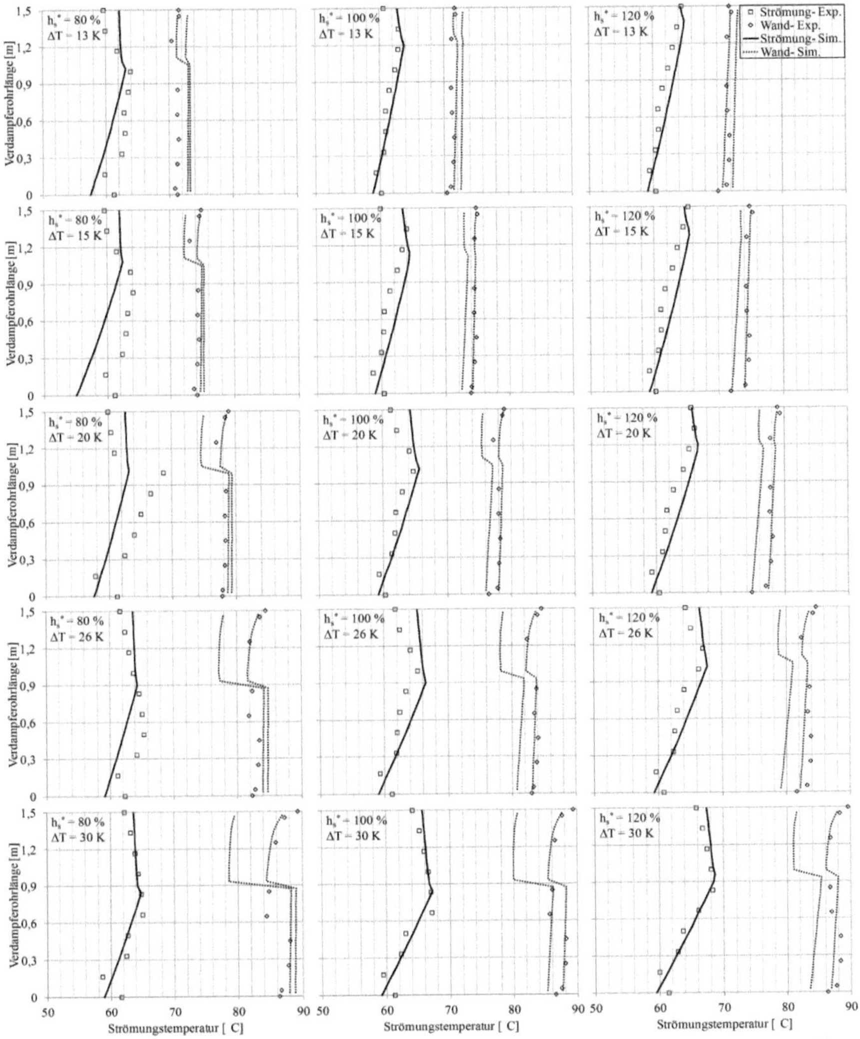

Abb. 6.4: Temperaturprofile, Experiment vs. Simulation, Versuchsmedium: Wasser, 0,2 bar, Heizmedium: Wasser

Für große treibende Temperaturdifferenzen von $\Delta T \geq 26$ K und scheinbaren Flüssigkeitsständen $h_s^* \geq 100$ % liegen die Messwerte näher an den berechneten Außentemperaturen der Rohrwand als an den Innentemperaturen. Da die Thermoelemente mit einer Einbautiefe von etwa 1,5 mm von der Außenwand in das Rohr eingebracht sind, sollten die gemessenen Temperaturen eher mit den berechneten Innenwandtemperaturen übereinstimmen. Dies könnte eine weitere Erklärung für die geringeren vorausberechneten Wärmestromdichten gegenüber den gemessenen darstellen. Die Aufweitung der Temperaturdifferenz im Zweiphasengebiet entsteht durch die Erhöhung des lokalen Wärmestroms. Sowohl produkt- als auch heizseitig verringern sich die Wärmeübergangswiderstände. Insbesondere auf der Heizseite liegt am Austritt des Verdampferrohrs nur ein sehr dünner Kondensatfilm vor. Dies führt zu sehr hohen heizseitigen Wärmeübergangskoeffizienten und der Zunahme der Außenwandtemperatur des Rohrs. Der so entstehende, leicht bogenförmige Verlauf wird von der Simulation gut wiedergegeben.

Da der Systemdruck einen großen Einfluss auf die Flüssigkeitsunterkühlung, das Blasensieden sowie die Stoffdaten des Versuchsmediums ausübt, werden im Folgenden die Ergebnisse der Naturumlaufverdampfung bei einem Systemdruck von $p_{BA} = 1$ bar mit den Ergebnissen der Simulation verglichen. Für eine treibende Temperaturdifferenz von $\Delta T = 10$ K konnte nur bei einem scheinbaren Flüssigkeitsstand von $h_s^* = 100$ % eine Verdampfung durch das Simulationsprogramm berechnet werden. Bei den übrigen scheinbaren Flüssigkeitsständen wurde die Wärme im Verdampferrohr nur durch Konvektion übertragen. Aus diesem Grund sind in Abb. 6.5 die Rohreinlaufgeschwindigkeiten sowie die Wärmestromdichten ab einer treibenden Temperaturdifferenz von $\Delta T \geq 20$ K dargestellt. Die Simulationsergebnisse zeigen qualitativ eine gute Übereinstimmung mit den ermittelten Rohreinlaufgeschwindigkeiten und Wärmestromdichten. Quantitativ überschätzt die Simulation sowohl die Rohreinlaufgeschwindigkeiten als auch die Wärmestromdichten. So scheinen die Korrelationen der Simulation die im Vergleich zu den Vakuummessungen gestiegene Dampfdichte und deren Einfluss auf den zweiphasigen Druckverlust zu überschätzen. Dies führt zu den erhöhten Rohreinlaufgeschwindigkeiten in der Simulation, die wiederum aufgrund der größeren Turbulenz zu verbesserten rohrseitigen Wärmeübergangskoeffizienten führt. Da für diese Versuchsbedingungen keine Messung der Kernströmungstemperaturen vorgenommen wurden, kann kein Vergleich zu den simulierten Temperaturprofilen erfolgen. So kann keine Aussage darüber getroffen werden, ob das Simulationsprogramm den erhöhten Wärmewiderstand auf der Heizseite sowie die Länge der Aufheizzone hinreichend genau wiedergeben kann. Sollten die Innenwandtemperaturen im Simulationsprogramm überschätzt werden, führt dies zu einer verkürzten Aufheizzone und gegenüber dem Experiment zu den erhöhten integralen Wärmestromdichten.

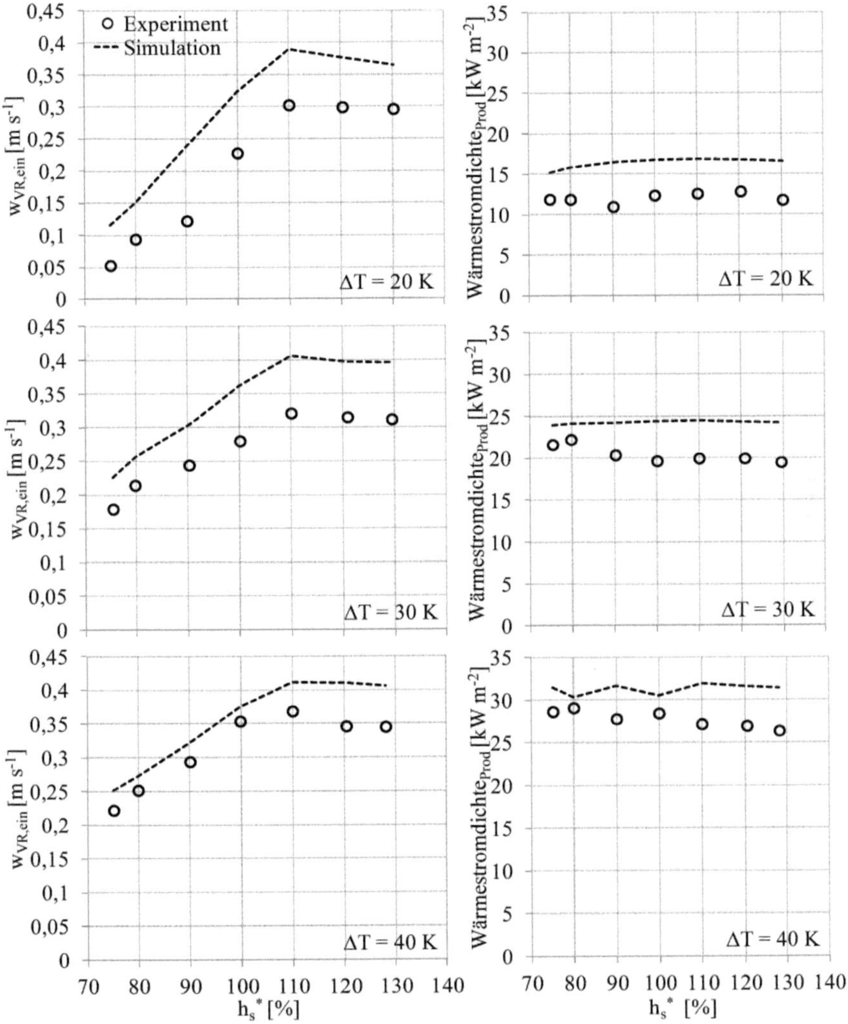

Abb. 6.5: Rohreinlaufgeschwindigkeit und Wärmestromdichte, Experiment vs. Simulation, Versuchsmedium: Wasser, 1 bar, Heizmedium: Hexanol

6.2 hiTRAN-Insert

Mit dem hiTRAN-Insert wurden Naturumlaufverdampfungsversuche bei einem Betriebsdruck von p_{BA} = 0,2 bar und Wasserdampfbeheizung durchgeführt. Die Messdaten der

Fluiddynamik und der Wärmeübertragung werden in Abb. 6.6 mit den Ergebnissen des Simulationsprogramms verglichen. Für das hiTRAN-Insert wurden bei der Simulation die in Kapitel 5 vorgestellten ein- und zweiphasigen Korrelationen für den Wärmeübergang sowie den Druckverlust verwendet.

Wie bereits in Kapitel 4 dargestellt, fallen die Rohreinlaufgeschwindigkeiten bei Verwendung des hiTRAN-Inserts im Vergleich zu den untersuchten Rohren zumeist geringer aus. Insgesamt weisen die berechneten Rohreinlaufgeschwindigkeiten eine gute Übereinstimmung mit den Messergebnissen auf. Im Bereich niedriger treibender Temperaturdifferenzen $\Delta T \leq 10$ K kommt es zwischen den Wiederholungsmessungen zum Teil zu erheblichen Abweichungen in der Rohreinlaufgeschwindigkeit. Dies deutet darauf hin, dass der Verdampfer an einer Betriebsgrenze betrieben wird und geringe Änderungen des Heizdampfdrucks die Fluiddynamik signifikant beeinflussen. Bis zu einer treibenden Temperaturdifferenz von $\Delta T \approx 10 - 12$ K nimmt der Umlaufstrom mit steigender Beheizungstemperatur für die jeweiligen scheinbaren Flüssigkeitsstände zu. Mit weiter steigenden treibenden Temperaturdifferenzen sinken die Rohreinlaufgeschwindigkeiten aufgrund des zunehmenden zweiphasigen Druckverlustes wieder ab. Dieses Verhalten wird von der Simulation gut abgebildet. Bei einer treibenden Temperaturdifferenz von $\Delta T = 20$ K scheint der zweiphasige Druckverlust jedoch von der Simulation unterschätzt zu werden, so dass die berechneten Rohreinlaufgeschwindigkeiten größer als die gemessenen Werte sind. Eine Erklärung für den in der Simulation unterschätzten Druckverlust ist durch einen Vergleich zwischen experimentell ermittelten und den vorausberechneten integralen Wärmestromdichten zu finden. Während diese im Bereich $\Delta T \leq 10$ K eine gute Übereinstimmung miteinander aufweisen, unterschätzt die Simulation den übertragenen Wärmestrom für eine treibende Temperaturdifferenz von $\Delta T = 20$ K deutlich. In der Simulation wird die Fluiddynamik im Vergleich zur Messung mit einem geringeren Dampfanteil berechnet, was zu geringeren zweiphasigen Druckverlusten und zu größeren Rohreinlaufgeschwindigkeiten führt. Wie bereits in Kapitel 4 gezeigt, weisen die Wärmestromdichten bei Verwendung des hiTRAN-Inserts keine bzw. nur eine geringe Abhängigkeit vom scheinbaren Flüssigkeitsstand auf. Dieses Verhalten wird durch das Simulationsprogramm richtig wiedergegeben. Im Vergleich zu den Simulationsergebnissen für das Glattrohr sind die vorausberechneten Wärmestromdichten des Drahtgestrick-Inserts für die jeweiligen treibenden Temperaturdifferenzen größer. Gegenüber den gemessenen Wärmestromdichten fallen die berechneten für das hiTRAN-Insert für $\Delta T \geq 12$ K zu gering aus. Gründe hierfür können das in der Realität auftretende dynamische Umlaufverhalten sein sowie unterkühltes Sieden in der Aufheizzone, welche im Simulationsprogramm nicht berücksichtigt werden. Weiterhin können die in der Simulationen verwendeten Korrelationen für den Wärmeübergang zu konservativ sein. Um hierzu detaillierte Aussagen treffen zu können, sind in Abb. 6.7 die berechneten und gemessenen Temperaturprofile für das hiTRAN-Insert dargestellt.

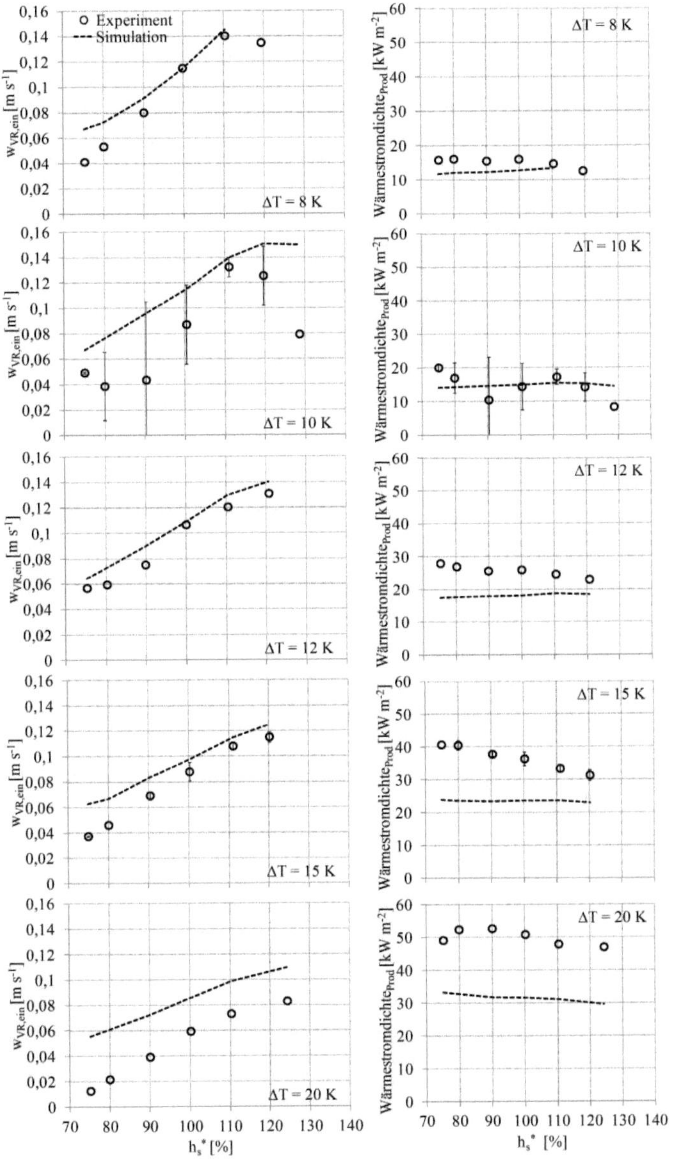

Abb. 6.6: Rohreinlaufgeschwindigkeit und Wärmestromdichte, Experiment vs. Simulation, Versuchsmedium: Wasser, 0,2 bar, Heizmedium: Wasser

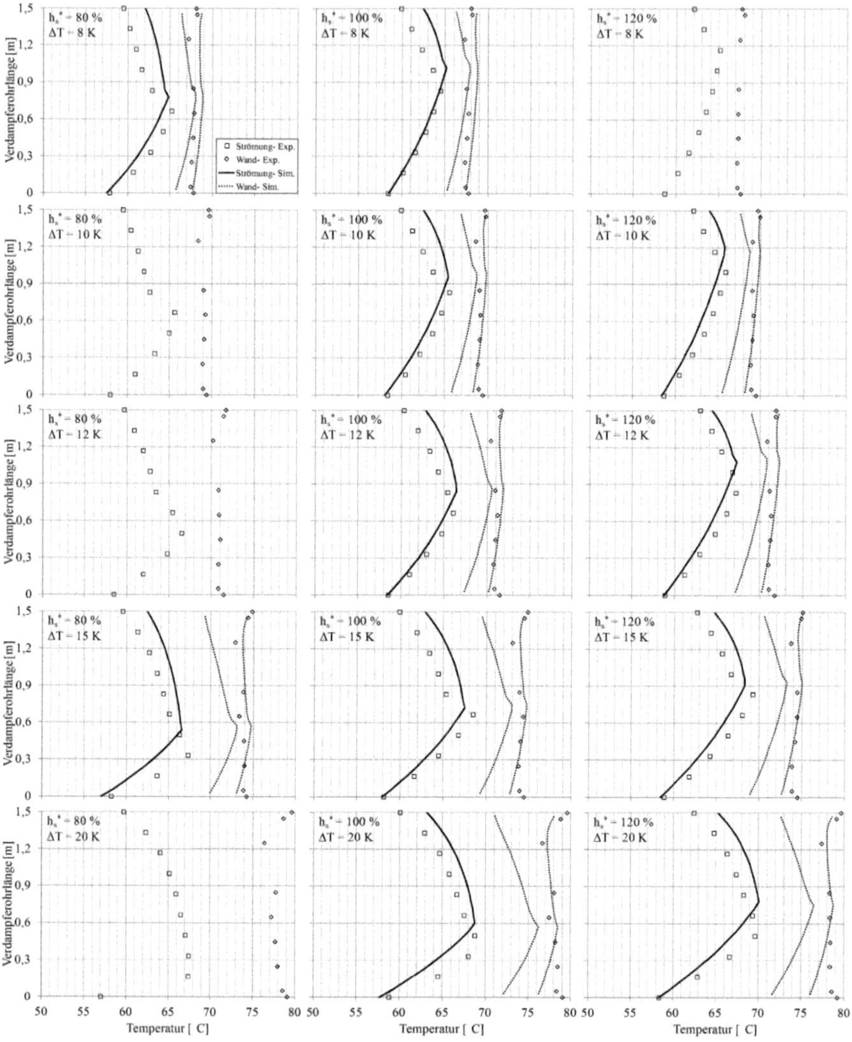

Abb. 6.7: Temperaturprofile, Experiment vs. Simulation, Versuchsmedium: Wasser, 0,2 bar, Heizmedium: Wasser

Die ermittelten Temperaturverläufe des hiTRAN-Inserts weisen gegenüber denen des Glattrohrs bzw. des innenberippten Rohrs keine Sprünge im Temperaturverlauf auf. Zudem ist die Aufheizzone gegenüber dem Glattrohr bei Verwendung des hiTRAN-Inserts deutlich verkürzt. Für treibende Temperaturdifferenzen $\Delta T \leq 10$ K wird der einphasige Wärmeübergang durch das Simulationsprogramm gut wiedergegeben bzw. leicht unterschätzt. Trotz dieser guten Übereinstimmung beginnt die Verdampfungszone im Experiment nach einer kürzeren Rohrlänge als vorausberechnet. Da die vorausberechneten Rohreinlaufgeschwindigkeiten für diese Betriebsbedingungen gut mit den Messwerten übereinstimmen, könnte der Grund hierfür in der einphasigen Druckverlustkorrelation liegen, die den Druckverlust unterschätzt. Mit zunehmenden treibenden Temperaturdifferenzen weichen die berechneten und gemessenen Temperaturprofile in der Aufheizzone stärker voneinander ab. Dies kann an der in der Simulation erhöhten Rohreinlaufgeschwindigkeit liegen. Weiterhin kann bei großen treibenden Temperaturdifferenzen unterkühltes Sieden in der Aufheizzone auftreten, wodurch sich der Wärmeübergang deutlich verbessert. Zusammen mit den geringeren vorausberechneten Druckverlusten in der Aufheizzone führt dies bei $\Delta T \geq 12$ K zu einer Überschätzung der Aufheizzonenlänge. Im zweiphasigen Gebiet werden die Temperaturprofile der Messungen gut durch die Simulation abgebildet. Aufgrund des unterschätzten Druckverlustes in der Aufheizzone weist der Temperaturverlauf in der zweiphasigen Zone gegenüber den Messdaten einen Offset aus. Durch einen nach kürzerer Aufheizzone berechneten Siedebeginn könnte eine deutlich bessere Übereinstimmung zwischen gemessenen und berechneten Temperaturen in der Verdampfungszone erreicht werden. Die berechneten Wandtemperaturen zeigen insgesamt eine gute Übereinstimmung mit den Messwerten. Dies gilt vor allem für treibende Temperaturdifferenzen $\Delta T \leq 10$ K. Die gemessenen Temperaturen entsprechen bei diesen Bedingungen zumeist eher den rohrseitig berechneten Wandtemperaturen. Mit steigenden Heizdampftemperaturen nähern sich die gemessenen Rohrwandtemperaturen den berechneten heizseitigen Rohrwandtemperaturen an. Hierdurch verringern sich in der Simulation die lokalen treibenden Temperaturdifferenzen zwischen Wand und Strömung, was wiederum zu einer Verringerung der Wärmeströme gegenüber der Messung führt. Im Vergleich zu den Glattrohrsimulationen weisen die berechneten Differenzen zwischen Innen- und Außenwand des Verdampferrohrs beim hiTRAN-Insert auf erhöhte Wärmestromdichten hin. Dies gilt vor allem für die Aufheizzone, in der durch das hiTRAN-Insert gegenüber dem Glattrohr deutlich größere Wärmeströme übertragen werden. Im zweiphasigen Gebiet weitet sich die Differenz zwischen den berechneten Temperaturen auf Innen- und Außenseite des Rohrs für das hiTRAN-Insert deutlich auf. Im Vergleich zur Aufheizzone werden größere Wärmestromdichten erreicht. Hier ist zu vermuten, dass mittels Wärmeleitung durch den Draht des hiTRAN-Inserts gegenüber dem Glattrohr weitere Keimstellen zur Blasenbildung aktiviert werden. Durch eine kürzere Aufheizzone in der Simulation ist eine signifikante Erhöhung des integral übertragenen Wärmestroms zu erwarten. Um die Vorausberechnung des Simulationsprogramms zu verbessern, sollten daher zunächst die Korrelationen der Aufheizzone überprüft werden. Eine Erhöhung des einphasigen Wärmeübergangskoeffizienten sowie des Druckverlustes würden zu einer Verkürzung der Aufheizzone führen. Hierdurch sind erhöhte Dampfanteile, größere zweiphasige

Druckverluste, geringere Rohreinlaufgeschwindigkeiten für große treibende Temperaturdifferenzen sowie größere integral übertragene Wärmeströme zu erwarten. Da die in Kapitel 5 ermittelten einphasigen Druckverlustkorrelationen eine gute Übereinstimmung mit etablierten Berechnungsgleichungen für das verwendete hiTRAN-Insert aufweisen, ist zu hinterfragen, ob die Differenzen zwischen simulierten und gemessenen Aufheizzonenlängen durch eine Unterschätzung des Druckverlustes im Verdampferrohrzulauf zu erklären sind.
Neben der Messung bei einem Betriebsdruck von p_{BA} = 0,2 bar wurde auch eine Messreihe bei Atmosphärendruck durchgeführt. Der Vergleich zwischen Simulation und experimentellen Daten ist für die Fluiddynamik und den Wärmeübergang in Abb. 6.8 dargestellt.

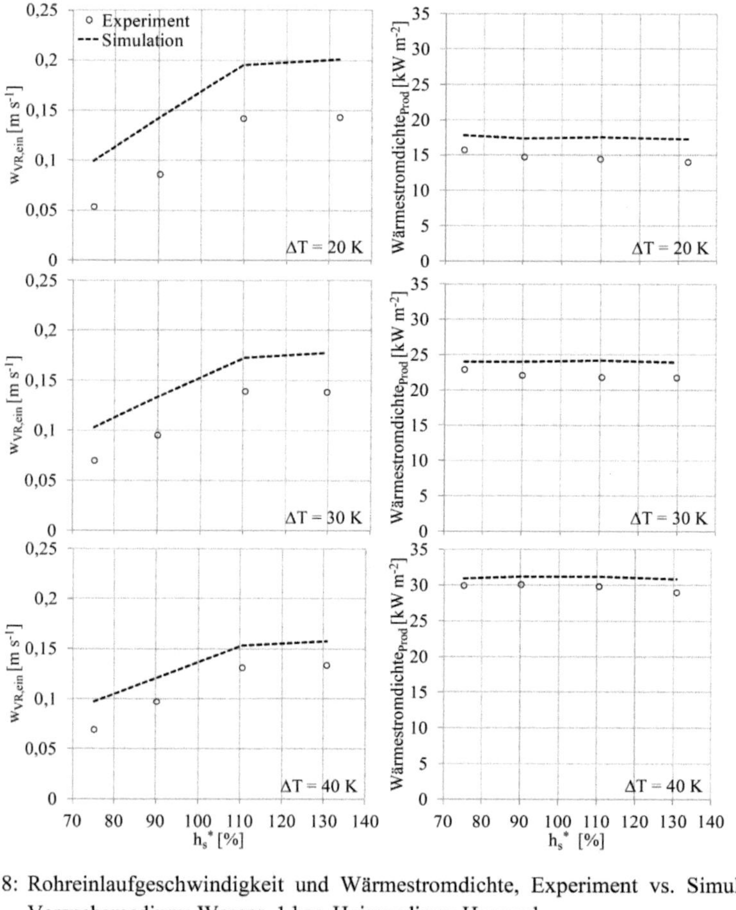

Abb. 6.8: Rohreinlaufgeschwindigkeit und Wärmestromdichte, Experiment vs. Simulation, Versuchsmedium: Wasser, 1 bar, Heizmedium: Hexanol

Der Vergleich zwischen Simulation und Messergebnissen ist für eine treibende Temperaturdifferenz von ΔT = 10 K nicht in Abb. 6.8 dargestellt, da eine Konvergenz der Rechnung bei diesen Bedingungen nur für h_s^* = 90 % und h_s^* = 130 % erreicht wurde. Die vorausberechneten Werte der Fluiddynamik zeigen für alle untersuchten treibenden Temperaturdifferenzen qualitativ eine gute Übereinstimmung mit den experimentellen Werten. Quantitativ überschätzt die Simulation die Rohreinlaufgeschwindigkeiten, insbesondere für eine treibende Temperaturdifferenz von ΔT = 20 K, deutlich. Da das Simulationsprogramm den einphasigen Druckverlust für p_{BA} = 0,2 bar im Vergleich zum Experiment eher zu niedrig berechnet, ist davon auszugehen, dass bei Atmosphärendruck der zweiphasige Druckverlust in der Simulation unterschätzt wird. Da für diese Betriebsbedingungen keine Strömungstemperaturmessungen erfolgten, kann diese Vermutung nicht durch die Länge der Aufheizzone sowie den Temperaturabfall im zweiphasigen Gebiet verifiziert werden. Die berechneten Wärmestromdichten weisen eine gute Übereinstimmung mit den experimentellen Daten auf. Sowohl qualitativ als auch quantitativ stimmen die Simulationswerte gut mit den Messwerten überein. Für alle treibenden Temperaturdifferenzen werden die Wärmeströme durch das Simulationsprogramm leicht überschätzt. Wie bereits bei der Fluiddynamik sind hierbei die größten Abweichungen bei einer treibenden Temperaturdifferenz von ΔT = 20 K festzustellen. Die maximale Abweichung der berechneten Wärmestromdichten zu den Messwerten beträgt bei diesen Betriebsbedingungen 22,7 %, während bei ΔT = 40 K Abweichungen kleiner 6,3 % erreicht wurden.

6.3 Innenberipptes Rohr

Mit dem innenberippten Rohr wurden Naturumlaufversuche mit Wasser als Medium bei einem Betriebsdruck von p_{BA} = 0,2 bar durchgeführt. Der Vergleich zwischen experimentell ermittelten Rohreinlaufgeschwindigkeiten und integralen Wärmestromdichten mit den Simulationsergebnissen ist in Abb. 6.9 dargestellt. Qualitativ werden die Rohreinlaufgeschwindigkeiten gut durch das Simulationsprogramm berechnet. Mit steigendem scheinbaren Flüssigkeitsständen ist sowohl bei den Messergebnissen als auch in der Simulation eine Zunahme der mittleren Rohreinlaufgeschwindigkeit festzustellen. Weiterhin wird die Verringerung des Umlaufstroms mit zunehmender treibender Temperaturdifferenz von ΔT = 10 K auf ΔT = 15 K richtig vorausberechnet. Qualitativ liegen die ermittelten Rohreinlaufgeschwindigkeiten für scheinbaren Flüssigkeitsstände $h_s^* \leq 100$ % leicht unterhalb der berechneten Werte, während bei höheren scheinbaren Flüssigkeitsständen im Experiment größere Rohreinlaufgeschwindigkeiten ermittelt werden, als in der Simulation berechnet. Insgesamt weist der Umlaufstrom für die in Abb. 6.9 dargestellten treibenden Temperaturdifferenzen für $h_s^* \leq 100$ % zum Teil erhebliche Schwankungen auf, siehe Abb. A.2.7. Diese sind durch die großen Dampfanteile im Verdampfer- und Brüdenrohr und den daraus folgenden hohen zweiphasigen Druckverlusten zu erklären.

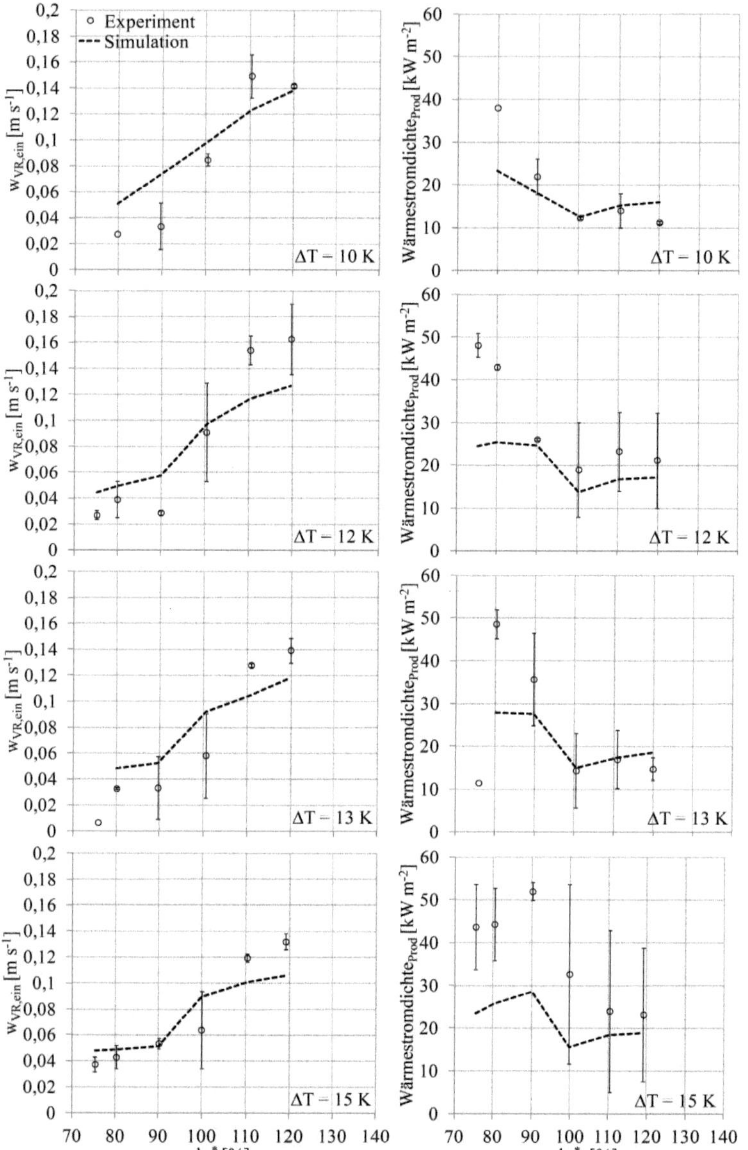

Abb. 6.9: Rohreinlaufgeschwindigkeit und Wärmestromdichte, Experiment vs. Simulation, Versuchsmedium: Wasser, 0,2 bar, Heizmedium: Wasser

Aufgrund der großen Umlaufstromschwankungen werden die integralen Wärmestromdichten durch die Simulation für kleine scheinbare Flüssigkeitsstände $h_s^* \leq 90$ % und treibende Temperaturdifferenzen $\Delta T \geq 13$ K deutlich unterschätzt. Das Simulationsprogramm rechnet mit geringen, stationären Strömungsgeschwindigkeiten, während in der Realität der Wärmeübergang durch den pulsierenden Umlauf signifikant erhöht wird. Wie bereits in Kapitel 4 dargestellt, sind die integral übertragenen Wärmeströme beim innenberippten Rohr stark vom scheinbaren Flüssigkeitsstand abhängig, wobei im Bereich scheinbarer Flüssigkeitsstände von $h_s^* \leq 90$ % besonders hohe Wärmestromdichten erreicht werden. Die Abhängigkeit der Wärmestromdichten vom scheinbaren Flüssigkeitsstand wird für die jeweiligen treibenden Temperaturdifferenzen qualitativ richtig von der Simulation wiedergegeben. Für scheinbare Flüssigkeitsstände von $h_s^* \geq 100$ % ist auch quantitativ eine gute Übereinstimmung zwischen der Simulation und den Messwerten gegeben.

Um die Qualität der Druckverlust- und Wärmeübergangskorrelationen für den ein- und zweiphasigen Bereich genauer zu betrachten, sind in Abb. 6.10 die experimentell ermittelten Temperaturprofile den berechneten gegenübergestellt. Hierbei ist zu berücksichtigen, dass die experimentell ermittelten Temperaturprofile aufgrund des teilweise stark schwankenden Umlaufstroms zeitlich nicht konstant waren. Temperaturänderungen traten aufgrund der wechselnden Drücke im Verdampferrohr auf. Weiterhin sind die gemessenen Temperaturen stark abhängig von den lokalen Messstellen, welche durch die radiale Beweglichkeit des Spanndrahts vor allem bei schwankendem Umlaufstrom zwischen Kernströmung und Rohrwand wechseln können. Im Bereich treibender Temperaturdifferenzen von $\Delta T \geq 13$ K werden die ermittelten Kernströmungstemperaturen gut von der Simulation vorausberechnet. Sowohl die einphasige Aufheizung als auch der einphasige Druckverlust können trotz des stark schwankenden Umlaufstroms gut durch die Simulation wiedergegeben werden. Ebenso ist eine gute Übereinstimmung der Temperaturen im zweiphasigen Gebiet und damit für den zweiphasigen Druckverlust erkennbar. Bei Temperaturdifferenzen von $\Delta T \leq 12$ K und $h_s^* = 80$ % weichen die vorausberechneten Temperaturen dagegen erheblich von den experimentell ermittelten ab. Der Verlauf der berechneten Temperaturen weist auf eine Überschätzung des einphasigen Wärmeübergangs hin. Zudem wird in der Simulation der Siedebeginn im Vergleich zum Experiment nach einer deutlich kürzeren Aufheizzone erreicht. Demgegenüber sind für $h_s^* \geq 100$ % bessere Übereinstimmungen zwischen berechneten und gemessenen Strömungsprofilen erkennbar. Insbesondere der einphasige Wärmeübergang wird von der Simulation gut wiedergegeben. Da bei allen Simulationen der Siedebeginn im Vergleich zum Experiment nach einer kürzeren Rohrlänge berechnet wird, ist zu hinterfragen, ob der Druckverlust am Eintritt in das Verdampferrohr durch die Simulation überschätzt wird. Im Vergleich zum Edelstahlrohr weist das innenberippte Rohr aus Kupfer eine deutlich größere Wärmeleitfähigkeit auf. Hierdurch verringern sich die Differenzen zwischen Außen- und Innenwandtemperaturen des berippten Rohrs gegenüber denen des Glattrohrs trotz größerer, lokal übertragener Wärmeströme. Für die in Abb. 6.10 dargestellten Betriebsbedingungen entsprechen sich die berechneten äußeren und inneren Temperaturen der Rohrwand nahezu. Eine Aussage über die lokalen Wärmestromdichten kann somit nicht mit

Hilfe des Temperaturprofils getroffen werden. Sowohl der Verlauf als auch die absoluten Werte der Wandtemperaturen werden gut von der Simulation berechnet. Eine Ausnahme hierfür stellen die Wandtemperaturen für $h_s^* = 80$ % und $\Delta T \geq 13$ K dar. Hier unterschätzt die Simulation die experimentellen Wandtemperaturen, wodurch sich für den Wärmeübergang eine geringere treibende Temperaturdifferenz zwischen Strömung und Rohrwand ergibt.

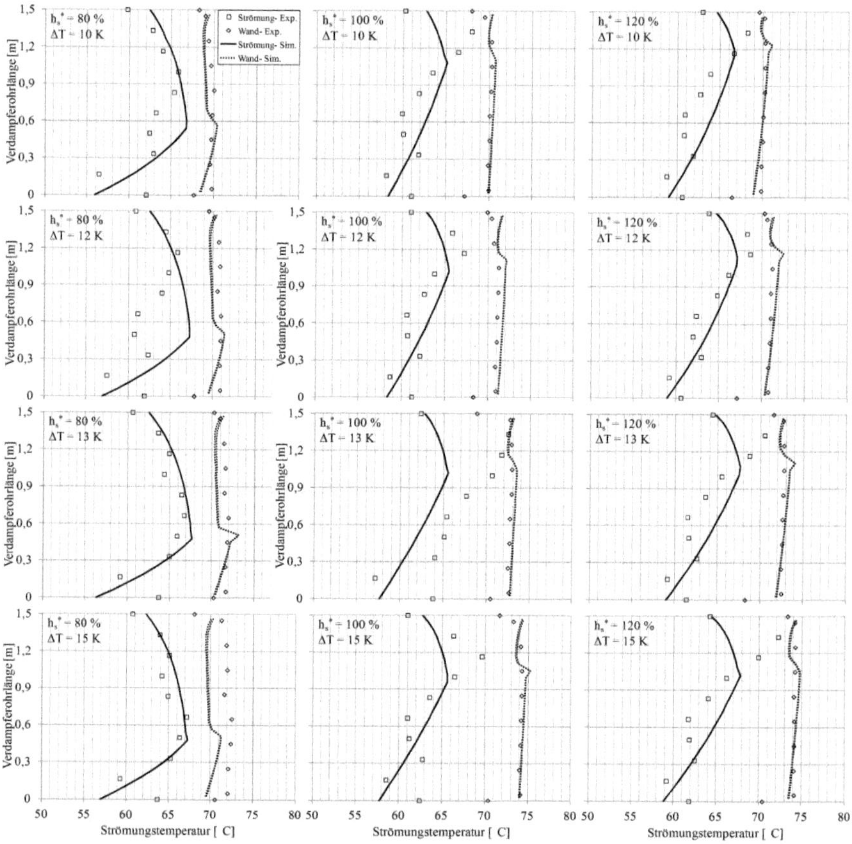

Abb. 6.10: Temperaturprofile, Experiment vs. Simulation, Versuchsmedium: Wasser, 0,2 bar, Heizmedium: Wasser

Unter Verwendung des innenberippten Rohrs wurden Versuche mit Wasser als Versuchsmedium und einem Betriebsdruck von $p_{BA} = 1$ bar durchgeführt. Die gemessenen Rohreinlaufgeschwindigkeiten und Wärmestromdichten werden in Abb. 6.11 mit den Simulationswerten verglichen.

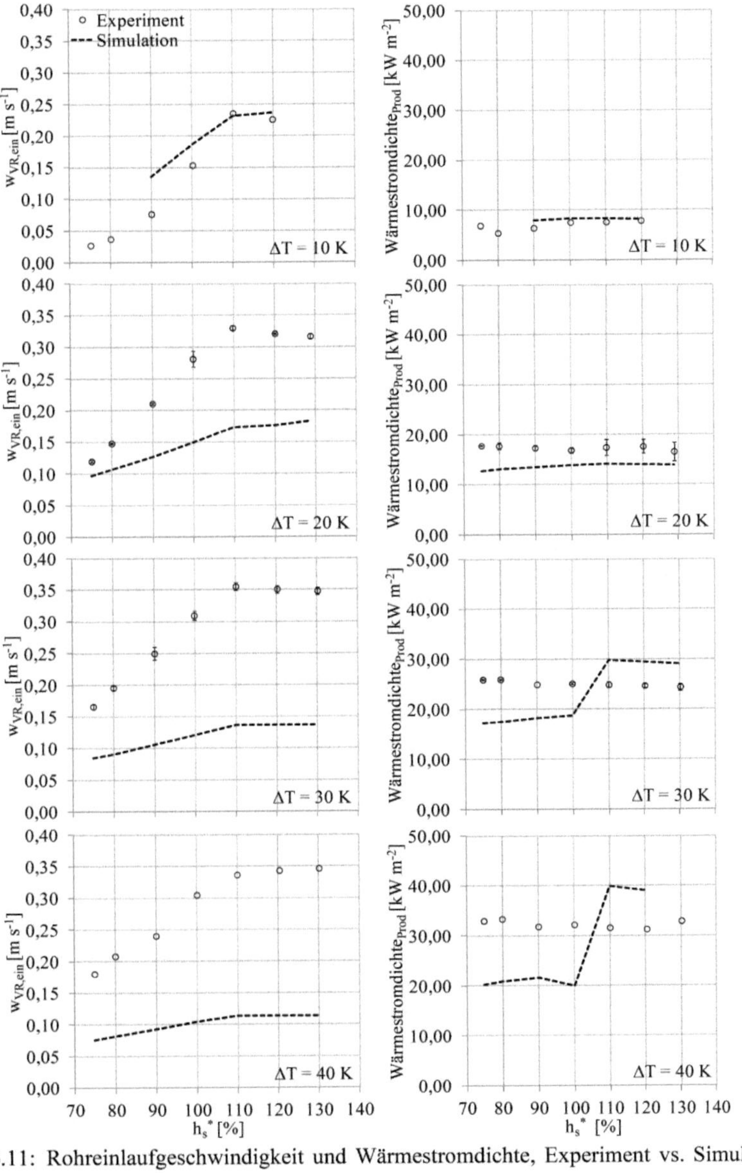

Abb. 6.11: Rohreinlaufgeschwindigkeit und Wärmestromdichte, Experiment vs. Simulation, Versuchsmedium: Wasser, 1 bar, Heizmedium: Hexanol

Für eine treibende Temperaturdifferenz von $\Delta T = 10$ K stimmen die vorausberechneten Daten mit den ermittelten Temperaturen der Kernströmung gut überein. Bei den größeren Heizdampftemperaturen gibt die Simulation nur den qualitativen Verlauf richtig wieder. So nehmen die Rohreinlaufgeschwindigkeiten mit steigendem scheinbaren Flüssigkeitsstand von $h_s^* = 75$ % auf $h_s^* = 110$ % zunächst zu. Bei weiterer Erhöhung des Füllstands stagniert der Umlaufstrom bzw. verringert sich leicht. Im Vergleich zu den Messwerten werden die Rohreinlaufgeschwindigkeiten durch die Simulation allerdings deutlich unterschätzt. Dies deutet darauf hin, dass der zweiphasige Druckverlust in der Simulation überschätzt wird. Ebenso wie bei der Fluiddynamik sind die besten Übereinstimmungen zwischen vorausberechneten und gemessenen Wärmestromdichten bei einer treibenden Temperaturdifferenz von $\Delta T = 10$ K festzustellen. Bei einer treibenden Temperaturdifferenz von $\Delta T = 20$ K gibt die Simulation den Verlauf der Wärmestromdichten in Abhängigkeit vom scheinbaren Flüssigkeitsstand richtig wieder, unterschätzt diese jedoch. Mit weiter zunehmenden treibenden Temperaturdifferenzen zeigt sich eine Abhängigkeit der vorausberechneten Wärmestromdichten vom scheinbaren Flüssigkeitsstand. Für $h_s^* \leq 100$ % unterschätzt, für $h_s^* \geq 110$ % überschätzt die Simulation die Wärmestromdichten.

Für eine detaillierte Betrachtung der ein- und zweiphasigen Wärmeübergangs- und Druckverlustkorrelationen bei diesen Betriebsbedingungen sind in Abb. 6.12 die berechneten Temperaturverläufe der Strömung und der Wand mit Messwerten verglichen. Um eine Aussage über die Qualität der einphasigen Wärmeübergangs- und Druckverlustkorrelationen der Simulation treffen zu können, sollten die vorausberechneten Rohreinlaufgeschwindigkeiten mit der Simulation möglichst gut übereinstimmen. Da für treibende Temperaturdifferenzen von $\Delta T \geq 20$ K in der Simulation zum Teil deutlich zu niedrige Rohreinlaufgeschwindigkeiten berechnet wurden, ist ein Vergleich der Simulation mit den Strömungsprofilen bei $\Delta T = 10$ K sinnvoll. Bei scheinbaren Flüssigkeitsständen von $h_s^* \geq 100$ % ist für die einphasige Aufheizung eine gute Übereinstimmung der berechneten mit den gemessenen Strömungstemperaturen festzustellen. Auch die Lage des Pinch-Punktes wird gut vorausberechnet. Aufgrund der erheblich geringeren Rohreinlaufgeschwindigkeiten für die anderen treibenden Temperaturdifferenzen weichen sowohl die berechneten Temperaturänderungen im Verdampferrohr als auch der Beginn des Siedens von den Messwerten ab. Der Beginn des zweiphasigen Gebiets wird hierbei zum Teil nach einer deutlich zu kurzen Aufheizzone vorausberechnet. Bei Betrachtung der Wandtemperaturen fällt für alle Messungen eine starke Temperaturerhöhung nach Erreichen des Pinch-Punktes auf. Diese Erhöhung ist durch geringe rohrseitige Wärmeübergangskoeffizienten bei geringen Dampfanteilen zu erklären. So wird der zweiphasige Wärmeübergangskoeffizient durch die Überlagerung der Wärmeübergangskoeffizienten der Dampf- und Flüssigphase nach Gl. (2.33 C) bei geringen Dampfanteilen deutlich unterschätzt und liegt zum Teil unterhalb des flüssigen einphasigen Wärmeübergangs. Mit Abnahme des produktseitigen Wärmeübergangskoeffizienten verschieben sich die berechneten Temperaturen in Richtung der Heizdampftemperatur. Um für das innenberippte Rohr eine bessere Übereinstimmung zwischen Simulation und Messungen zu erzielen, sind somit die Korrelationen für den zweiphasigen Druckverlust sowie den Wärmeübergang zu überprüfen.

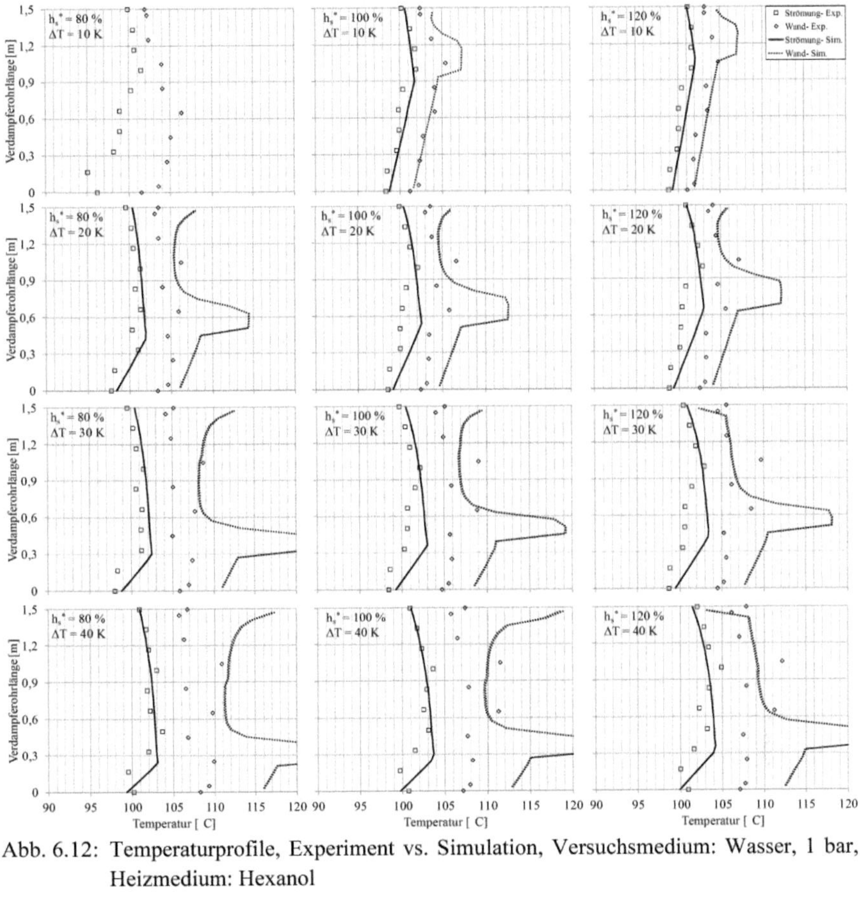

Abb. 6.12: Temperaturprofile, Experiment vs. Simulation, Versuchsmedium: Wasser, 1 bar, Heizmedium: Hexanol

Insgesamt ermöglicht das Simulationsprogramm die Vorausberechnung von Rohreinlaufgeschwindigkeiten, Temperaturprofilen sowie lokalen Wärmestromdichten und Dampfgehalten für die untersuchten Rohre und das Drahtgestrick-Insert. Der Verlauf der Rohreinlaufgeschwindigkeiten sowie der integral übertragenen Wärmestromdichten in Abhängigkeit von der treibenden Temperaturdifferenz und dem scheinbaren Flüssigkeitsstand werden durch die Simulation richtig wiedergegeben. Quantitativ treten jedoch zum Teil deutliche Unterschiede zwischen den vorausberechneten Werten und den Messergebnissen auf. Hierfür liegen folgende Gründe vor:

- Während des Naturumlaufbetriebs traten insbesondere im Vakuumbetrieb Schwankungen im Umlaufstrom auf. Hierdurch ändern sich Drücke und Temperaturen im Verdampferrohr dynamisch, wohingegen das Simulationsprogramm mit stationären Rohreinlaufgeschwindigkeiten rechnet. Vor allem bei pulsierendem Umlaufverhalten ist durch Störung der thermischen Grenzschicht im Vergleich zu einem stationären Umlauf von einer signifikanten Erhöhung des rohrseitigen Wärmeübergangskoeffizienten auszugehen.
- Die verwendeten Gleichungen des hiTRAN-Inserts sowie des innenberippten Rohrs wurden aus der Anpassung etablierter Korrelationen an die Messergebnisse entwickelt. Hierbei wurden die integral ermittelten Wärmeströme aus den Bilanzen sowie gemittelte Werte für die Aufheiz- sowie die Verdampfungszone verwendet. Wie anhand der Temperaturprofile zu erkennen ist, ändern sich in axialer Richtung des Verdampferrohrs Wand- und Strömungstemperaturen und damit die treibenden Temperaturdifferenzen sowie die Stoffdaten. Weiterhin liegen starke Änderungen der Dampfgehalte sowie die lokal übertragenen Wärmestromdichten entlang des Verdampferrohrs vor. Eine Ermittlung der Wärmeübergangs- und Druckverlustkorrelationen aus Mittelwerten der jeweiligen Zonen ist insbesondere im zweiphasigen Bereich mit relativ großen Unsicherheiten verbunden.
- Beim innenberippten Rohr traten durch die radiale Beweglichkeit des Thermoelementspanndrahtes vor allem bei schwankendem Umlaufverhalten Temperatursprünge in den Messwerten auf. Hierdurch ist die Berechnung der Aufheizzonenlänge sowie der übertragenen Wärmeströme in Aufheiz- und Verdampfungszone erschwert und mit einer Unsicherheit belegt, die nicht genau zu quantifizieren ist. Die so ermittelte zweiphasige Wärmeübergangskorrelation weist daher für geringe Dampfanteile deutlich erkennbar zu geringe Wärmeübergangskoeffizienten auf.

7 Zusammenfassung

In dieser Arbeit wurde der Einfluss eines innenberippten Rohrs sowie eines Drahtgestrick-Inserts auf die Naturumlaufverdampfung untersucht. Hierzu erfolgten Verdampfungsmessungen in einem Einrohr-Naturumlaufverdampfer der Geometrie d_a x s x L_{VR} = 20 x 2 x 1500 mm mit Wasser sowie einem Wasser-Glycerin Gemisch als Versuchsmedien. Der Umlaufstrom sowie der integral übertragene Wärmestrom wurden für unterschiedliche Betriebsbedingungen für die untersuchten Turbulenzpromotoren experimentell ermittelt und mit denen eines Standard-Edelstahlrohrs als Referenz verglichen. Thermoelemente in der Kernströmung sowie der Rohrwand ermöglichten weitergehende Aussagen bezüglich der Wärmeübergänge in der Aufheiz- und Verdampfungszone. Hierdurch konnten die Vorteile der einzelnen Turbulenzpromotoren erkannt und vorteilhafte Betriebsbedingungen zur Verwendung des innenberippte Rohrs sowie das Drahtgestrick-Inserts identifiziert werden. Aus fertigungstechnischen Gründen wurde beim innenberippten Rohr Kupfer als Material verwendet, wodurch ein Einfluss des Wandmaterials auf die Ergebnisse gegenüber dem Referenzrohr aus Edelstahl gegeben ist.

Neben den Naturumlaufexperimenten wurden im gleichen Apparat Zwangsumlaufmessungen zur Untersuchung des einphasigen Wärmeübergangs unter Verwendung der Turbulenzpromotoren durchgeführt. In einer Fluiddynamikapparatur erfolgten ein- und zweiphasige Umlaufmessungen mit Wasser sowie Wasser-Glycerin Gemischen als flüssige Phase und Luft als Gasphase zur Ermittlung der Druckverluste für verschiedene Turbulenzpromotoren.

Auf Basis der erhaltenen Messergebisse der Naturumlauf- und Zwangsumlaufversuche sowie der Druckverlustmessungen wurden Berechnungskorrelationen für den Wärmeübergang sowie den Druckverlust für die untersuchten Inserts im ein- und zweiphasigen Zustand erstellt. Hierzu wurden etablierte Korrelationen an die Messergebnisse mittels einer Minimierung der Fehlerquadrate angepasst.

Um die Korrelationen auf ihre Anwendbarkeit zur Berechnung von Wärmeübergang und Druckverlust zu testen, wurde ein Simulationsprogramm in MATLAB entwickelt. Dieses Programm ermöglicht die iterative, segmentweise Vorausberechnung der Wärmeübertragung sowie der Fluiddynamik im Naturumlaufverdampfer unter Verwendung der untersuchten Turbulenzpromotoren.

Durch einen Vergleich der Naturumlaufmessungen können folgende Aussagen getroffen werden:

- Bei Verwendung von Hexanoldampf als Heizmedium liegen heizseitig große Wärmeübergangswiderstände vor, wodurch sich der Einfluss des zu untersuchenden rohrseitigen Wärmeübergangskoeffizienten auf den Wärmedurchgang stark verringert. Um den rohrseitigen Wärmeübergang zu untersuchen, ist die Beheizung mit Wasserdampf gut geeignet. Hierfür wurde der Verdampfer unterhalb des

Atmosphärendrucks betrieben, was aufgrund der geringeren Dampfdichte sowie der erhöhten Flüssigkeitsunterkühlung teilweise zu einem schwankenden Umlaufverhalten des Verdampfers führte.

- Das innenberippte Kupferrohr erhöht den Wärmeübergang gegenüber dem Glattrohr vor allem in der Verdampfungszone signifikant. Auch in der Aufheizzone ist eine Verbesserung des Wärmeübergangs festzustellen. Gegenüber dem Referenzrohr verkürzt das innenberippte Rohr die Länge der Aufheizzone nicht bzw. nur geringfügig und weist ähnliche Rohreinlaufgeschwindigkeiten auf. Mit steigenden Betriebsdrücken nimmt der integral übertragene Wärmestrom bei gleichen treibenden Temperaturdifferenzen deutlich zu. Weiterhin ist der Wärmestrom des innenberippten Rohrs stark vom scheinbaren Flüssigkeitsstand abhängig. Bei geringen scheinbaren Flüssigkeitsständen und großen Betriebsdrücken werden die größten Wärmestromdichten erzielt. So konnte durch das Absenken des scheinbaren Flüssigkeitsstands die benötigte Heizleistung vom verwendeten Dampferzeuger nicht mehr zur Verfügung gestellt werden. Hieraus lässt sich schließen, dass das innenberippte Rohr vor allem bei einer geringen Flüssigkeitsunterkühlung am Verdampferrohreinlauf für die Naturumlaufverdampfung geeignet ist und im Normaldruckbetrieb bei geringen scheinbaren Flüssigkeitsständen sowie Wasserdampfbeheizung noch bessere Ergebnisse bezüglich des Wärmeübergangs zu erwarten sind.

- Das hiTRAN-Insert weist gegenüber dem Glattrohr eine Erhöhung des Wärmeübergangs sowohl in der Aufheizzone als auch in der Verdampfungszone auf. Während sich bei geringen treibenden Temperaturdifferenzen vor allem der einphasige Wärmeübergang erhöht, ist mit Zunahme der treibenden Temperaturdifferenz vor allem eine Erhöhung des Wärmeübergangskoeffizienten im Zweiphasengebiet festzustellen. Aufgrund der großen Druckverluste verringert sich in der Regel die Rohreinlaufgeschwindigkeit gegenüber dem Glattrohr. Dies führt zu einer deutlichen Verkürzung der Aufheizzone und somit zu einer längeren Verdampfungszone mit hohen Wärmeübergangskoeffizienten. Hierdurch weist das hiTRAN-Insert keine bzw. nur eine sehr geringe Abhängigkeit des integral übertragenen Wärmestroms in Abhängigkeit vom scheinbaren Flüssigkeitsstand auf. Im Betrieb ist dies ein großer Vorteil, da bei schwankenden scheinbaren Flüssigkeitsständen und großer Flüssigkeitsunterkühlung (insbesondere auch bei gefluteter Fahrweise) ein ausreichende Naturumlaufverdampfung gewährleistet ist.

Mit Hilfe der ermittelten Korrelationen konnte die Fluiddynamik sowie der Wärmeübergang für die untersuchten Turbulenzpromotoren qualitativ richtig vorausberechnet werden. Quantitativ traten zum Teil deutliche Unterschiede zwischen den simulierten und den gemessenen Werten auf. Dies ist vor allem auf die zweiphasigen Druckverlust- und Wärmeübergangskorrelationen zurückzuführen, die aus gemittelten Werten der Aufheiz- und Verdampfungszone bestimmt wurden.

Um eine Verbesserung der Korrelationen zu erreichen, sind weitere Versuche mit Reinstoffen wünschenswert. Bei der Auswahl der Stoffe sollten vor allem die Viskosität, die Wärmeleitfähigkeit sowie die Oberflächenspannung beachtet werden. Insbesondere die zweiphasigen Wärmeübergangskorrelationen sollten dabei in einer weiteren Versuchsapparatur ermittelt werden, in der konstante Wärmestromdichten bzw. Wandtemperaturen für das gesamte Versuchsrohr eingestellt werden können. Um auch in der Verdampferapparatur die lokalen Wärmestromdichten erfassen zu können, ist die Erweiterung des Verdampfers mit entsprechenden Sensoren empfehlenswert.

8 Literaturverzeichnis

Ahmad, S. Y., Axial distribution of bulk temperature and void fraction in a heated channel with inlet subcooling, J. Heat Transfer 92, 595-609, 1970

Arneth, S., Dimensionierung und Betriebsverhalten von Naturumlaufverdampfern, Diss. TU München, 1999

Arneth, S., Stichlmair, J., Characteristics of thermosiphon reboilers, Int. J. Therm. Sci. 40, 385–391, 2001

Bujok, P., Luke, A., Influence of fin geometry on heat transfer in boiling pure refrigerants and their mixtures, Paper No. TP-013, 4th IIR Conference on Thermophysical Properties and Transfer Processes of Refrigerants, Delft, 2013

Chawla, J. M., Druckverlust in durchströmten Verdampferrohren, VDI Wärmeatlas, 10. Aufl., VDI-Gesellschaft Verfahrenstechnik und Chemieingenieurwesen, Springer-Verlag Berlin Heidelberg, Kap. Lbc., 2006

Cheng, N. S., Formula for the viscosity of a glycerol-water mixture, Ind. Eng. Chem. Res., 47, 3285-3288, 2008

Chisholm D., Pressure gradients due to friction during the flow of evaporating two-phase mixtures in smooth tubes and channels, Int. J. Heat Mass Transfer 16, 347-358, 1973

Dialer, K., Die Wärmeübertragung beim Naturumlaufverdampfer, Diss. ETH Zürich, 1983

Diener, R., Friedel, L., Reproductive accuracy of selected void fraction correlations for horizontal and vertical upflow, Forsch. im Ingenieurwes., 64, 87-97, 1998

Ellerby, P., Van der Kamp, J., Examine how optimising air cooled oil coolers can lower capital and operating costs, Hydrocarbon Eng., 59 – 65, 2011

Endress + Hauser, Technische Information Proline Promass 80F, 80M, 83F, 83M, 2007

Fa. Aspen Technology, Inc., ASPEN Properties, 2004

Fa. Aspen Technology, Inc., Shell & Tube Exchanger, 2013

Fa. Chemstations Inc., CHEMCAD 6.2.0.3423, 2012

Fa. Chemstations Inc., CC-THERM, 2009

Fa. Heat Transfer Research, Inc., Xchanger Suite, 2013

Fair, J. R., What you need to design thermosiphon reboilers, Petroleum Refiner, 39, 105-123, 1960

Friedel, L., Druckabfall bei der Strömung von Gas/Dampf-Flüssigkeits-Gemischen in Rohren. Chem. Ing. Tech. 50, 167-180, 1978

Ghajar, A. J., Tang, C. C., Void fraction and flow patterns of two-phase flow in upward and downward vertical and horizontal pipes, Advances in Multiphase Flow and Heat Transfer 4, 175-201, 2012

Gnielinski, V., Ein neues Berechnungsverfahren für die Wärmeübertragung im Übergangsbereich zwischen laminarer und turbulenter Strömung, Forsch. im Ing.-Wes. 61, 240-244, 1995

Gnielinski, V., Wärmeübertragung bei der Strömung durch Rohre, VDI Wärmeatlas, 10. Aufl., VDI-Gesellschaft Verfahrenstechnik und Chemieingenieurwesen, Springer-Verlag Berlin Heidelberg, Kap. Ga., 2006

Gorenflo, D., Behältersieden (Sieden bei freier Konvektion), VDI Wärmeatlas, 10. Aufl., VDI-Gesellschaft Verfahrenstechnik und Chemieingenieurwesen, Springer-Verlag Berlin Heidelberg, Kap. Hab., 2006

Groschang, T., Hadley, M, Scholl, S., Vergleich verschiedener Simulationsprogramme zur Auslegung von Naturumlaufverdampfern, Vortrag GVC-Fachausschuss „Wärme und Stoffübertragung", Bad Kissingen, 1999

Hammerschmidt, J., Scholl, S., Bestimmung von Wärmeübergangskoeffizienten mit Hilfe des Wilson-Plot-Verfahrens, Chem. Ing. Tech. 83, 358-364, 2011

Hammerschmidt, J., Scholl, S., Erweiterte Einsatzmöglichkeiten von Naturumlaufverdampfern durch Turbulenzpromotoren und strukturierte Rohre, Schlussbericht für das IGV Forschungsvorhaben 15080 N1, 2011

Hammerschmidt, J., Scholl, S., Experimentelle Untersuchungen zum Einsatz von Drahtgestrickeinbauten und berippten Rohren in Naturumlaufverdampfern, Chem. Ing. Tech. 84, 1939-1947, 2012

Hewitt, G. F., Roberts, D. N., Studies of two-phase patterns by simultaneous x-ray and flash photography, AERE M2159, 1969

http://www.dow.com/PublishedLiterature/dh_0032/0901b803800322bb.pdf?filepath=glycerine/pdfs/noreg/115-00677.pdf&fromPage=GetDoc

Kaiser, E. P., Wärmeübertragung beim Sieden von binären Gemischen im Naturumlaufverdampfer, Diss. ETH Zürich, 1988

Kast, W., Druckverlust in durchströmten Rohren, VDI Wärmeatlas, 10. Aufl., VDI-Gesellschaft Verfahrenstechnik und Chemieingenieurwesen, Springer-Verlag Berlin Heidelberg, Kap. Lab, 2006

Kast, W., Druckverlust in Leitungen mit Querschnittsänderungen, VDI Wärmeatlas, 10. Aufl., VDI-Gesellschaft Verfahrenstechnik und Chemieingenieurwesen, Springer-Verlag Berlin Heidelberg, Kap. Lac., 2006

Kister, H. Z., Distillation operation, McGraw-Hill, 1990

Kleiber, M., Joh, R., Berechnungsmethoden für Stoffeigenschaften, VDI Wärmeatlas, 10. Aufl., VDI-Gesellschaft Verfahrenstechnik und Chemieingenieurwesen, Springer-Verlag Berlin Heidelberg, Kap. Da., 2006

Kleiber, M., Joh, R., Stoffwerte von sonstigen chemisch einheitlichen Flüssigkeiten und Gasen, VDI Wärmeatlas, 10. Aufl., VDI-Gesellschaft Verfahrenstechnik und Chemieingenieurwesen, Springer- Verlag Berlin Heidelberg, Kap. Dca., 2006

Kuzma-Kichta, Yu. A., Afonin, S. Yu., Hammerschmidt, J., Scholl, S., Heat transfer and hydrodynamics by flow of water-glyzerol-air mixtures in a tube with heat transfer enhancement devices, 4th International Conference Heat and Mass Transfer and Hydrodynamics in Swirling Flows, 18 - 20 October 2011 Moscow, ISBN 0321102743

Lockhart, R. W., Martinelli, R. C., Proposed correlation of data for isothermal two-phase, two component flow in pipes, Chem. Eng. Prog. 45, 39-48, 1949

Mersmann, A., Kind, M., Stichlmair, J., Thermische Verfahrenstechnik: Grundlagen und Methoden, 2. Aufl., Springer, 2005

Müller, J., Numrich, R., Filmkondensation reiner Dämpfe, VDI Wärmeatlas, 10. Aufl., VDI-Gesellschaft Verfahrenstechnik und Chemieingenieurwesen, Springer-Verlag Berlin Heidelberg, Kap. Ja., 2006

Muschelknautz, S., Wellenhofer, A., Druckverlust von Gas-Flüssigkeitsströmungen in Rohren, Leistungselementen und Armaturen, VDI Wärmeatlas, 10. Aufl., VDI-Gesellschaft Verfahrenstechnik und Chemieingenieurwesen, Springer-Verlag Berlin Heidelberg, Kap. Lbb., 2006

Nusselt, W., Die Oberflächenkondensation des Wasserdampfes, Z. VDI 60, 1916

Petukhov, B. S., Kirillov, V. V., On heat exchange at turbulent flow of liquid in pipes, Teploenergetika 4, 63-68, 1958

Polly, G. T., Gibbard, I., Debottlenecking using heat transfer enhancement, Chem. Eng. 105, 84-88, 1998

Rant, Z., Verdampfen in Theorie und Praxis, Sauerländer, 1977

Reza, M., Nasr, J., Application of heat transfer enhancement on vertical thermosyphon reboilers using tube inserts, Heat Transf. Eng. 27, 58-65, 2006

Rollmann, P., Spindler, K., Müller-Steinhagen, H., Heat transfer, pressure drop and flow patterns during flow boiling of R407C in a horizontal microfin tube, Heat Mass Transfer. 47, 951-961, 2011

Rouhani, C., Modified correlations for void and and two-phase pressure drop, AB Atomenergi, AE-RTV-841, 1969

Schlichting, H., Gersten, K., Grenzschicht-Theorie, 10. Aufl., Springer-Verlag, Heidelberg, 2006

Schlünder, E. U., Über den Wärmeübergang bei der Blasenverdampfung von Gemischen, Verfahrenstechnik 16, 692-698, 1982

Schmidt, H., Gas-Flüssigkeitsströmungen - relative Phasenanteile, VDI Wärmeatlas, 10. Aufl., VDI-Gesellschaft Verfahrenstechnik und Chemieingenieurwesen, Springer-Verlag Berlin Heidelberg, Kap. Lba., 2006

Schmidt, J., Berechnung und Messung der Druckänderung über scharfkantige plötzliche Rohrerweiterungen und -verengungen bei Gas/Dampf-Flüssigkeitsströmungen, Fortschritt-Berichte VDI, Reihe 7, Nr. 236, VDI-Verlag, 1993

Scholl, S., Brahim, F., Intensification of fluiddynamic and thermal performance of thermosiphon reboilers, Appl. Therm. Eng. 25, 2615-2629, 2005

Scholl, S., Naturumlaufverdampfer- Alles bekannt beim alten Bekannten?, Grundlagen und Apparate der Wärmeübertragung, Hrsg. Leipertz, A., BEV Heft 98.1, Erlangen 1998

Scholl, S., Rinner, M., Verdampfung und Kondensation, Fluidverfahrenstechnik, Hrsg. Goedecke, R., Wiley-VCH, Weinheim, 2006

Seelinger, P., Fütterer, G., Hauck, J., Kirchner, G., Konstruktive Hinweise für den Bau von Wärmeübertragern, VDI Wärmeatlas, 10. Aufl., VDI-Gesellschaft Verfahrenstechnik und Chemieingenieurwesen, Springer-Verlag Berlin Heidelberg, Kap. Ob., 2006

Sloley, A. W., Avoid problems during distillation column startups, Chem. Eng. Prog. 92, 30-39, 1996

Steiner, D., Strömungssieden gesättigter Flüssigkeiten, VDI Wärmeatlas, 10. Aufl., VDI-Gesellschaft Verfahrenstechnik und Chemieingenieurwesen, Springer-Verlag Berlin Heidelberg, Kap. Hbb., 2006

Stier, K.-H., Beitrag zur Druckabhängigkeit des Wärmeübergangs beim Blasensieden von binären Gemischen, DKV, 2003

Techo, R., Tickner, R. R., James, R. E., An accurate equation for the computation of the friction factor for smooth pipes from the Reynolds number, Journal of Applied Mechanics 32, 443, 1965

VDI-Wärmeatlas, 10. Aufl., Springer-Verlag, Berlin, 2006

Wagner, W., Wärmeaustauscher, 3. Auflage, Vogel Buchverlag, Würzburg, 2005

Weise, F., Experimentelle Untersuchung zur Strömung und Wärmeübertragung von Reinstoff-Fallfilmen mit hohen Prandtl-Zahlen, Diss. TU Braunschweig, 2007

A Anhang

A.1 Stoffwerte

In der Arbeit werden Reinstoffdaten für die Stoffe Wasser, Hexanol und Glycerin sowie Gemischdaten für das binäre Gemisch Wasser-Glycerin benötigt. Zur Berechnung dieser Daten wurden Gleichungen aus [Kleiber, 2006] und dem Programm ASPEN Properties® [ASPEN 2004] verwendet.

A.1.1 Reinstoffdaten

Zur Berechnung der Reinstoffdaten werden der kritische Druck, die kritische Temperatur sowie die Molmasse und die spezifische Gaskonstante der untersuchten Stoffe benötigt. Diese sind in Tab. A.1 dargestellt.

Tab. A.1: Allgemeine Daten der verwendeten Versuchsmedien

Versuchsmedium	p_{krit} [bar]	T_{krit} [K]	Molmasse [g mol^{-1}]	spez. Gaskonstante [J kg^{-1} K^{-1}]
Wasser	220,6	647,1	18,015	461,526
Glycerin	75	850	92,09	90,286
Hexanol	35,1	611,4	102,18	81,371

Dichte der Flüssigkeit

Die Flüssigkeitsdichte für Wasser wird nach einer Korrelation aus ASPEN Properties® [Aspen, 2004] berechnet, die Parameter sind [Weise, 2007] entnommen.

$$\rho_{liq} = \left(a + b \cdot \left(1 - \frac{T}{T_{krit}}\right)^{0,35} + c \cdot \left(1 - \frac{T}{T_{krit}}\right)^{2/3} + d \cdot \left(1 - \frac{T}{T_{krit}}\right) + e \cdot \left(1 - \frac{T}{T_{krit}}\right)^{4/3} \right) \cdot M \quad \text{(A.1)}$$

Für die anderen Medien erfolgt die Berechnung der Dichte nach einer Korrelationen des VDI-Wärmeatlas [Kleiber, 2006] durch

$$\rho_{liq} = \frac{a}{b^{\left(1+(1-T/c)^{d}\right)}} \cdot \quad \text{(A.2)}$$

Die Parameter zur Dichteberechnung sind in Tab. A.2 angegeben.

Tab. A.2: Parameter zur Berechnung der Flüssigkeitsdichte

Versuchsmedium	a	b	c	d	e
Wasser	17,863	58,606	-95,396	213,89	-141,26
Glycerin	0,4567818	0,01799	874,776	0,07136	0
Hexanol	1,8450162	0,04336	629,75	0,09476	0

Viskosität der Flüssigkeit

Die Korrelation zur Berechnung der dynamischen Flüssigkeitsviskosität und die Parameter der verwendeten Medien sind [Kleiber, 2006] entnommen.

$$\eta_{liq} = \exp\left(a + \frac{b}{T} + c \cdot T + d \cdot T^2 + e \cdot T^3 \right) \tag{A.3}$$

Tab. A.3: Parameter zur Berechnung der dynamischen Viskosität einer Flüssigkeit

Versuchsmedium	a	b	c	d	e
Wasser	-22,968	3275,89	0,017637	6,93E-7	-1,2933E-8
Glycerin	-45,588	10874,27	0,013337	7,6942E-5	-6,7177E-8
Hexanol	-17,670	3254,83	0,003737	2,762E-6	0

Die kinematische Viskosität ergibt sich aus den Gl. (A.2) und (A.3) zu

$$\nu_{liq} = \frac{\eta_{liq}}{\rho_{liq}} \,. \tag{A.4}$$

Spezifische Wärmekapazität der Flüssigkeit

Die Korrelation zur Berechnung der spezifischen Wärmekapazität einer Flüssigkeit und die Parameter der verwendeten Medien sind [Kleiber, 2006] entnommen.

$$c_p = a + b \cdot T + c \cdot T^2 + d \cdot T^3 + e \cdot T^{-2} \tag{A.5}$$

Tab. A.4: Parameter zur Berechnung der spezifischen Wärmekapazität

Versuchsmedium	a	b	c	d	e
Wasser	3092	12,328	-0,044504	5,226E-5	0
Glycerin	852,20	5,219	0	0	0
Hexanol	7773,5	-65,879	0,22928	-2,31884E-4	0

Verdampfungsenthalpie

Die Korrelation zur Berechnung der Verdampfungsenthalpie und die Parameter der verwendeten Medien sind [Kleiber, 2006] entnommen.

$$h_v = a \cdot \left(1 - \frac{T}{T_{krit}}\right)^{\left(b + c \cdot \left(\frac{T}{T_{krit}}\right) + d \cdot \left(\frac{T}{T_{krit}}\right)^2 + e \cdot \left(\frac{T}{T_{krit}}\right)^2\right)} \tag{A.6}$$

Tab. A.5: Parameter zur Berechnung der Verdampfungsenthalpie

Versuchsmedium	a	b	c	d	e
Wasser	2872019	0,28184	-0,10911	0,147096	0,044874
Glycerin	1158773	0,38960	-0,007487	0,248791	-0,158430
Hexanol	836578	0,48139	0,074981	-0,0698	0,024805

Wärmeleitfähigkeit der Flüssigkeit

Die Korrelation zur Berechnung der Wärmeleitfähigkeit einer Flüssigkeit und die Parameter der verwendeten Medien sind [Kleiber, 2006] entnommen.

$$\lambda_{liq} = a + b \cdot T + c \cdot T^2 + d \cdot T^3 + e \cdot T^4 \tag{A.7}$$

Tab. A.6: Parameter zur Berechnung der Wärmeleitfähigkeit einer Flüssigkeit

Versuchsmedium	a	b	c	d	e
Wasser	-0,3623	0,0050659	-5,805E-6	-1,527E-9	1,847E-12
Glycerin	0,2562	1,19E-4	2,3E-8	-1,05E-10	1,02E-13
Hexanol	0,22	-2,279E-4	3,1E-8	-5,2E-11	3,2E-14

Oberflächenspannung

Die Korrelation zur Berechnung der Oberflächenspannung und die Parameter der verwendeten Medien sind [Kleiber, 2006] entnommen.

$$\sigma_{liq} = a \cdot \left(1 - \frac{T}{T_{krit}}\right)^{\left(b + c \cdot \frac{T}{T_{krit}} + d \cdot \left(\frac{T}{T_{krit}}\right)^2 + e \cdot \left(\frac{T}{T_{krit}}\right)^3\right)} \tag{A.8}$$

Tab. A.7: Parameter zur Berechnung der Oberflächenspannung

Versuchsmedium	a	b	c	d	e
Wasser	0,15488	1,64129	-0,75986	-0,85291	1,14113
Glycerin	0,09019	0,80707	0	0	0
Hexanol	0,05089	1,01	0	0	0

Dampfdruck / Siedetemperatur

Die Korrelation zur Berechnung des Dampfdrucks bei bekannter Temperatur bzw. der Siedetemperatur bei bekanntem Druck und die Parameter der verwendeten Medien sind [Kleiber, 2006] entnommen.

$$p_{vl} = \exp\left(\frac{T_{krit}}{T} \cdot \left(a \cdot \frac{1-T}{T_{krit}}\right) + b \cdot \left(\frac{1-T}{T_{krit}}\right)^{1,5} + c \cdot \left(\frac{1-T}{T_{krit}}\right)^{3} + d \cdot \left(\frac{1-T}{T_{krit}}\right)^{6}\right) \cdot p_{krit} \qquad \text{(A.9)}$$

Tab. A.8: Parameter zur Berechnung des Dampfdrucks / der Siedetemperatur

Versuchsmedium	a	b	c	d
Wasser	-7,71374	1,31467	-2,51444	-1,72542
Glycerin	-6,68061	-1,55586	-6,59905	1,46448
Hexanol	-8,79791	2,47682	-11,74941	7,60854

Dichte des Gases

Die Gasdichte wird mit Hilfe des idealen Gasgesetzes berechnet.

$$\rho_{vap} = \frac{p}{R_s \cdot T} \qquad \text{(A.10)}$$

Dynamische Viskosität des Gases

Die Korrelation zur Berechnung der dynamischen Gasviskosität und die Parameter der verwendeten Medien sind [Kleiber, 2006] entnommen.

$$\eta_{vap} = a + b \cdot T + c \cdot T^2 + d \cdot T^3 + e \cdot T^4 \qquad \text{(A.11)}$$

Tab. A.9: Parameter zur Berechnung der dynamischen Viskosität eines Gases

Versuchsmedium	a	b	c	d	e
Wasser	-1,0718E-6	3,5248E-8	3,575E-12	0	0
Glycerin	-1,46E-8	2,2666E-8	3,28E-13	0	0
Hexanol	-7,635E-7	2,4326E-8	-0,4168E-12	0	0

Wärmeleitfähigkeit des Gases

Die Korrelation zur Berechnung der Wärmeleitfähigkeit eines Gases und die Parameter der verwendeten Medien sind [Kleiber, 2006] entnommen.

$$\lambda_{vap} = a + b \cdot T + c \cdot T^2 + d \cdot T^3 + e \cdot T^4 \tag{A.12}$$

Tab. A.10: Parameter zur Berechnung der Wärmeleitfähigkeit eines Gases

Versuchsmedium	a	b	c	d	e
Wasser	4,6E-4	4,6E-5	5,1150E-8	0	0
Glycerin	-9,16E-3	5,9E-5	2,026E-8	0	0
Hexanol	-2,5E-4	8E-6	1,0344E-7	0	0

Wärmekapazität des Gases

Die Korrelation zur Berechnung der spezifischen Wärmekapazität eines Gases und die Parameter der verwendeten Medien sind [Kleiber, 2006] entnommen.

$$c_{p,vap} = a + b \cdot T + c \cdot T^2 + d \cdot T^3 + e \cdot T^{-2} \tag{A.13}$$

Tab. A.11: Parameter zur Berechnung der spezifischen Wärmekapazität eines Gases

Versuchsmedium	a	b	c	d	e
Wasser	1833,1	-0,035	6,96E-4	-2,15E-7	2,6E-8
Glycerin	59,1	4,98	-0,003733	1,188E-6	8,26E-7
Hexanol	-131,6	6,607	-0,004007	9,29E-7	-1,341E-6

A.1.2 Gemischdaten

Siedetemperaturen / Dampfdrücke / Konzentrationen

Das Gemisch Wasser-Glycerin wird als ideal angenommen und Siedetemperaturen, Dampfdrücke und Konzentrationen der flüssigen und dampfförmigen Phasen werden nach den Gesetzen von Raoult und Dalton berechnet. Hieraus ergibt sich der Molanteil der flüssigen Phase aus den Teildampfdrücken zu

$$x_{Wa} = \frac{p - p_{Gly}}{p_{Wa} - p_{Gly}}, \tag{A.14}$$

der Molanteil der Dampfphase zu

$$y_{Wa} = p_{Wa} \cdot \frac{x_{Wa}}{p}. \tag{A.15}$$

Im untersuchten Bereich der Gemischkonzentration von $x_{Wa} \approx 0{,}71$ mol Wasser mol^{-1} ges. stimmt die Berechnung als ideales Gemisch gut mit nach dem NRTL-Modell berechneten

Daten von [Chemstations, 2009] und [ASPEN, 2004] sowie mit Daten von [Dow, 2012] überein, siehe Abb. A.1.

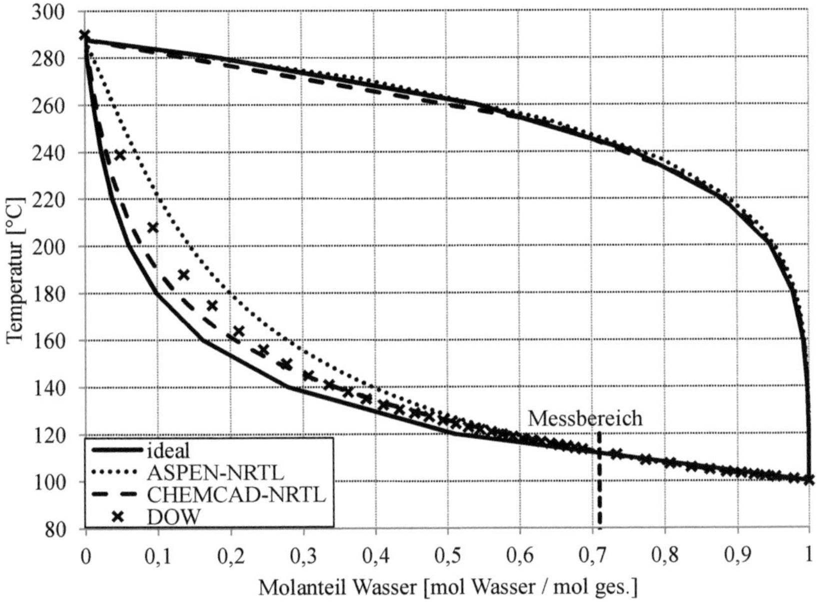

Abb. A.1: T-x,y Diagramm für Wasser-Glycerin, p = 1,013 bar

Gemischviskosität

Die Viskosität des Wasser-Glycerin Gemisches wird nach Korrelationen von Cheng [Cheng, 2008] berechnet. Aus den bekannten Viskositäten der Reinstoffe ergibt sich die Gemischviskosität zu

$$\eta_{Gly,Wa} = \eta_{Wa}^{c} \cdot \eta_{Gly}^{(1-c)}, \tag{A.16}$$

mit

$$c = 1 - m_{Gly} + a \cdot b \cdot m_{Gly} \cdot \frac{1 - m_{Gly}}{a \cdot m_{Gly} + b \cdot (1 - m_{Gly})}, \tag{A.17}$$

$$a = 0{,}705 - 0{,}0017 \cdot T, \tag{A.18}$$

$$b = (4{,}9 \cdot 0{,}036 \cdot T) \cdot a^{0{,}25}. \tag{A.19}$$

Gemischdichte

Die Dichte des Gemisches wird nach [Kleiber, 2006] berechnet zu

$$\rho_{Wa,Gly} = \left(m \cdot \rho_{Wa}^{-1} + (1-m) \cdot \rho_{Gly}^{-1}\right)^{-1}. \qquad (A.20)$$

Wärmeleitfähigkeit des Gemisches

Die Wärmeleitfähigkeit des Gemisches wird nach [Kleiber, 2006] berechnet zu

$$\lambda_{Wa,Gly} = \frac{c_1^2}{\lambda_{Wa}^{-1}} + \frac{4 \cdot c_1 \cdot c_2}{\lambda_{Wa}^{-1} + \lambda_{Gly}^{-1}} + \frac{c_2^2}{\lambda_{Gly}^{-1}} \qquad (A.21)$$

mit

$$c_1 = \frac{x \cdot (M_{Wa} / \rho_{Wa})}{x \cdot (M_{Wa} / \rho_{Wa}) + (1-x) \cdot (M_{Gly} / \rho_{Gly})}, \qquad (A.22)$$

$$c_2 = 1 - c_1. \qquad (A.23)$$

Oberflächenspannung des Gemisches

Die Oberflächenspannung des Gemisches wird nach [Kleiber, 2006] berechnet.

$$\sigma_{Wa,Gly} = \left(P_{Wa,Gly} \cdot \rho_{mol}\right)^4, \qquad (A.24)$$

mit

$$\rho_{mol} = \left(x \cdot \left(\frac{\rho_{Wa}}{M_{Wa}}\right)^{-1} + (1-x) \cdot \left(\frac{\rho_{Gly}}{M_{Gly}}\right)^{-1} \right)^{-1}, \qquad (A.25)$$

$$P_{Wa,Gly} = x^2 \cdot P_{Wa} + 2 \cdot x \cdot (1-x) \cdot \frac{P_{Wa} + P_{Gly}}{2} + (1-x)^2 \cdot P_{Gly}, \qquad (A.26)$$

$$P_{Wa} = \left(\frac{\rho_{Wa}}{M_{Wa}}\right)^{-1} \cdot \sigma_{Wa}^{0,25}, \qquad (A.27)$$

$$P_{Gly} = \left(\frac{\rho_{Gly}}{M_{Gly}}\right)^{-1} \cdot \sigma_{Gly}^{0,25}. \qquad (A.28)$$

Aufgrund der verwendeten niedrigen Drücke wird bei Anwendung dieser Gleichungen der Einfluss der Dampfphase vernachlässigt.

Verdampfungsenthalpie des Gemisches

Die Verdampfungsenthalpie des Gemisches wird anhand der bekannten Konzentration in der Dampfphase berechnet. Hierzu ist die Zusammensetzung der dampfförmigen Phase sowie die Siedetemperatur nach den Gleichungen (A.14, A.15) für den vorliegenden Druck sowie die Zusammensetzung der flüssigen Phase zu ermitteln. Aus den Verdampfungsenthalpien der Reinstoffe bei Siedetemperatur des Gemisches ergibt sich die Gemischverdampfungsenthalpie zu:

$$\Delta h_{vl,Wa,Gly} = m_{vap} \cdot \Delta h_{vl,Wa}\left(T_{vl,Wa,Gly}\right) + \left(1 - m_{vap}\right) \cdot \Delta h_{vl,Gly}\left(T_{vl,Wa,Gly}\right). \tag{A.29}$$

Wärmekapazität des Gemisches

Die Wärmekapazität des Gemisches wird nach VDI-Wärmeatlas [Kleiber, 2006] unter Vernachlässigung der Exzess-Wärmekapazität berechnet zu:

$$c_{p,liq,Wa,Gly} = c_{p,liq,Wa} \cdot m_{liq} + c_{p,liq,Gly} \cdot \left(1 - m_{liq}\right) \tag{A.30}$$

Gemischstoffdaten des Gases

Unter Verwendung des weitsiedenden Gemisches Wasser-Glycerin liegt bei Atmosphärendruck in der Dampfphase bis zu einem Wassermolanteil von $x_{liq,Wa} = 0{,}2$ in der Flüssigphase nur ein sehr geringer Anteil an Schwersieder vor, vgl. Abb. A.1. Daher wird vereinfachend angenommen, dass die Dichte, die Viskosität, die Wärmeleitfähigkeit und die Wärmekapazität der gasförmigen Phase der den Stoffwerten des Leichtsieders entspricht.

A.2 Abbildungen

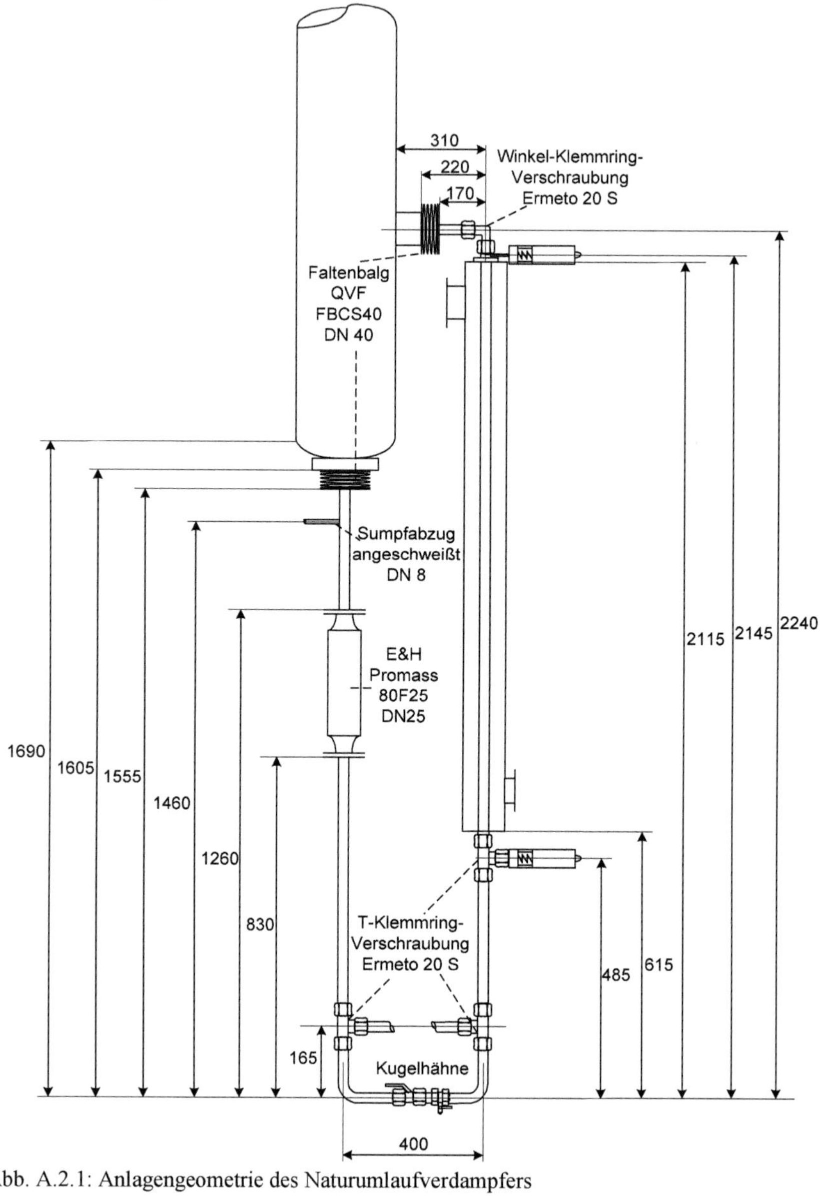

Abb. A.2.1: Anlagengeometrie des Naturumlaufverdampfers

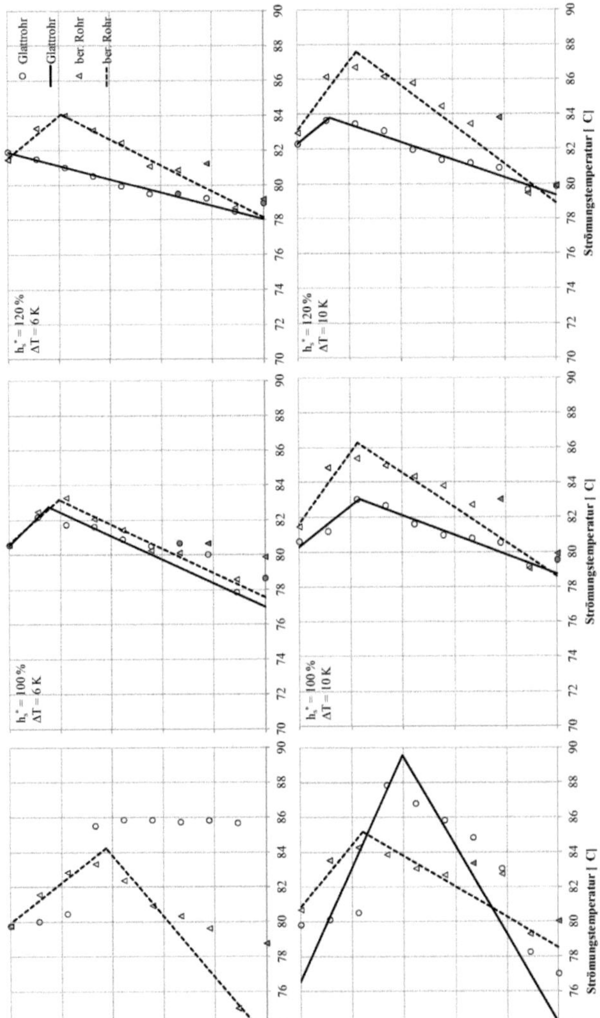

Abb. A.2.2: Kernströmungstemperaturen, Versuchsmedium: Wasser, 0,47 bar, Heizseite: Wasser

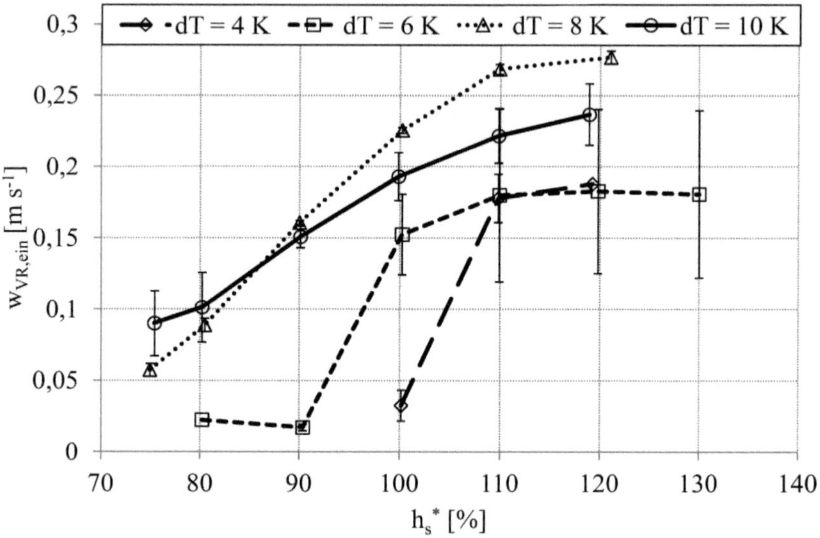

Abb. A.2.3: Rohreinlaufgeschwindigkeit in Abhängigkeit des scheinbaren Flüssigkeitsstands, innenberipptes Rohr, Versuchsmedium: Wasser, 0,47 bar, Heizseite: Wasser

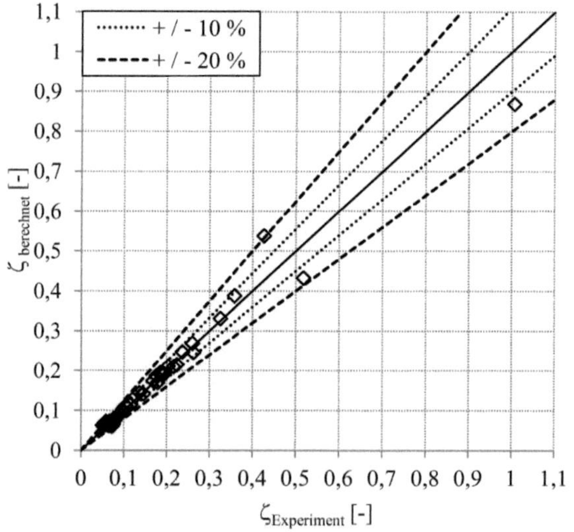

Abb. A.2.4: Berechnete und experimentell bestimmte Widerstandsbeiwerte für das innenberippte Rohr

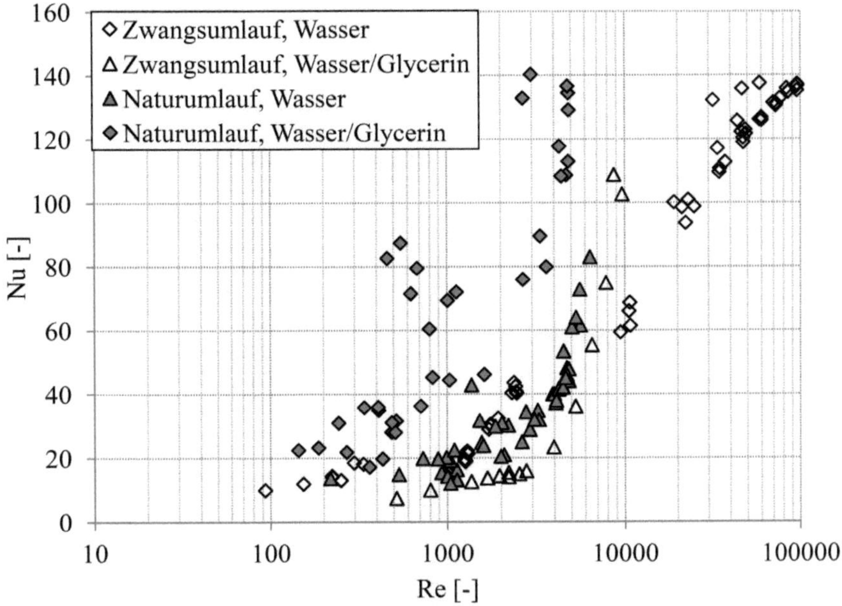

Abb. A.2.5: Experimentell ermittelte Nusselt-Zahlen des innenberippten Rohrs für den einphasigen Wärmeübergang

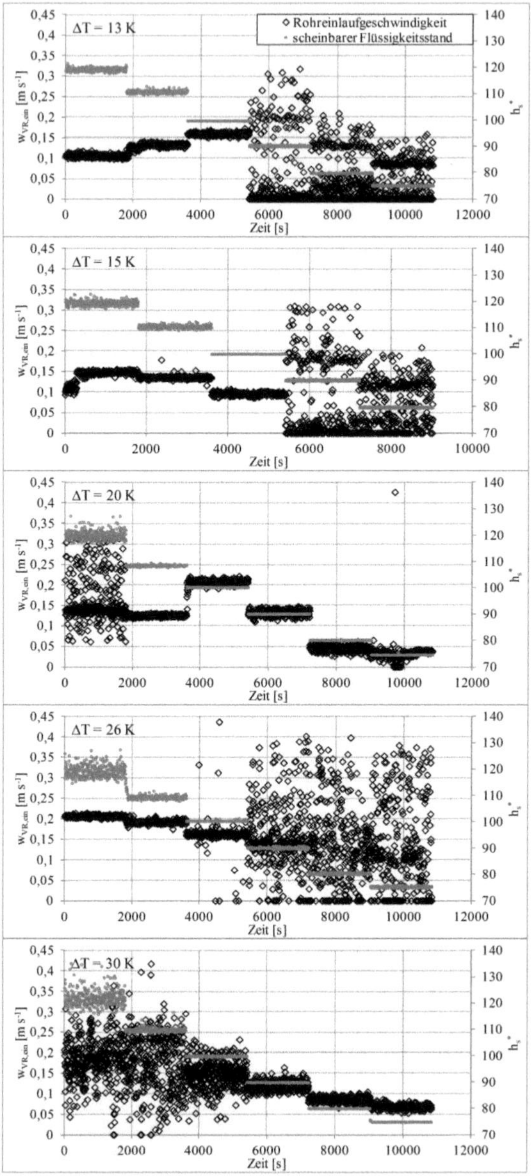

Abb. A.2.6: Rohreinlaufgeschwindigkeiten des Glattrohrs, Versuchsmedium: Wasser, 0,2 bar, Heizmedium: Wasser

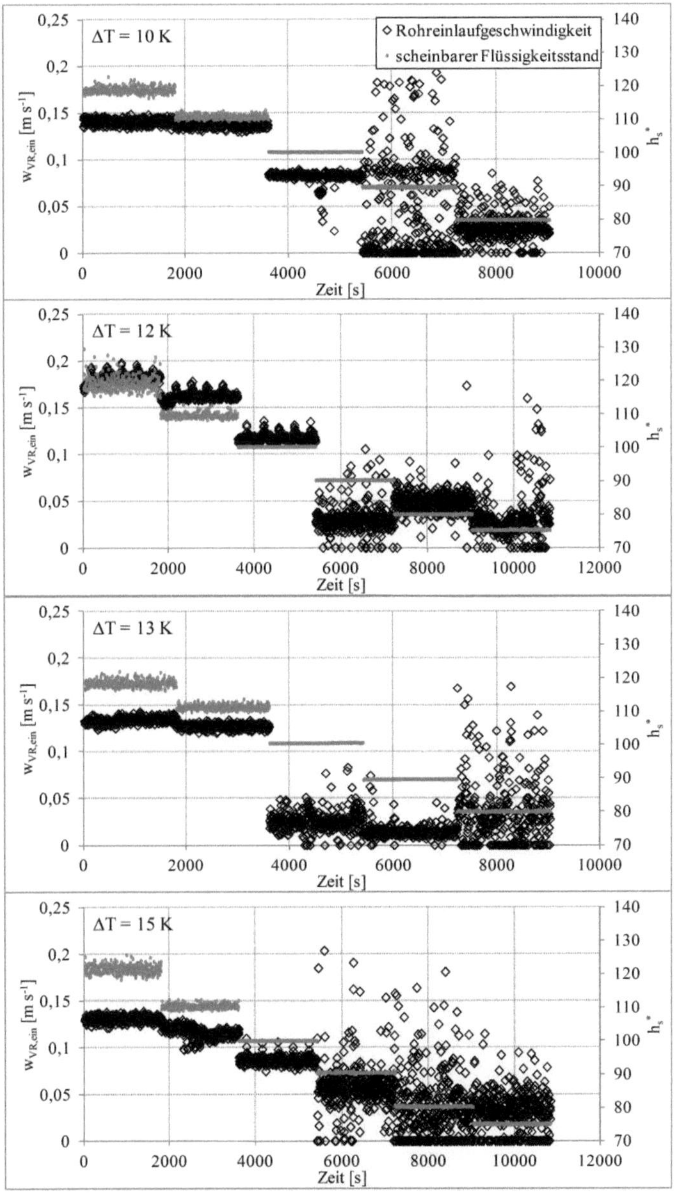

Abb. A.2.7: Rohreinlaufgeschwindigkeiten des innenberippten Rohrs, Versuchsmedium: Wasser, 0,2 bar, Heizmedium: Wasser

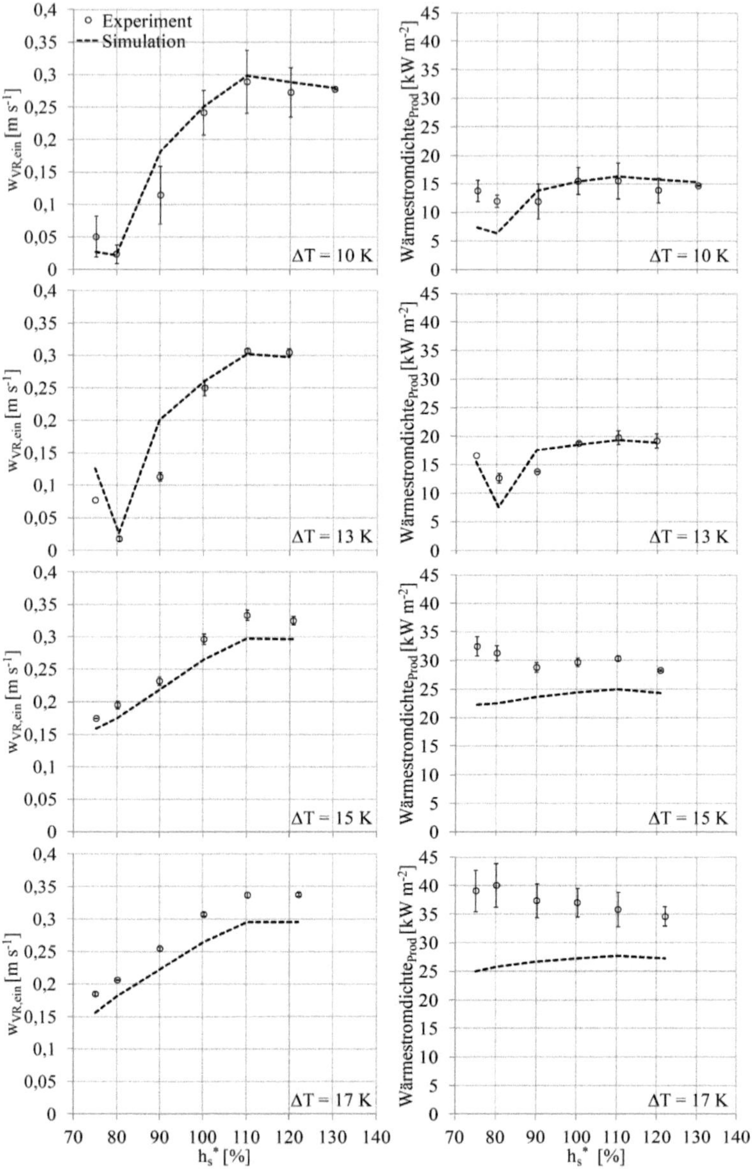

Abb. A.2.8: Rohreinlaufgeschwindigkeit und Wärmestromdichte, Experiment vs. Simulation, Glattrohr, Versuchsmedium: Wasser, 0,47 bar, Heizmedium: Wasser

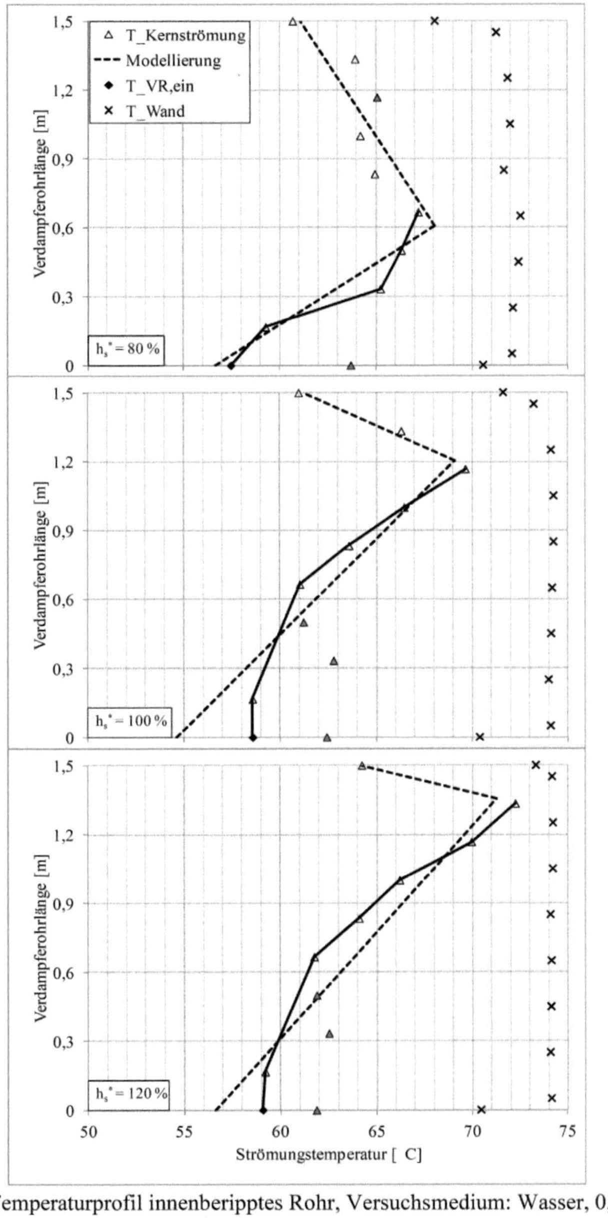

Abb. A.2.9: Temperaturprofil innenberipptes Rohr, Versuchsmedium: Wasser, 0,2 bar, Heizmedium: Wasser, $\Delta T = 15$ K

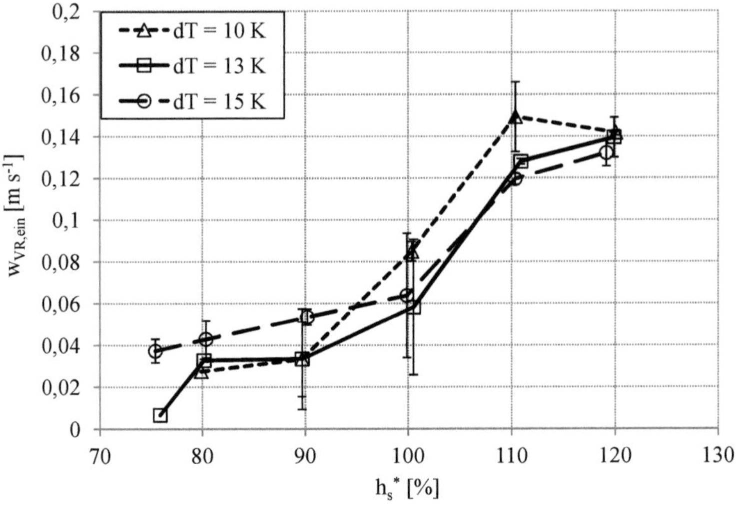

Abb. A.2.10: Innenberipptes Rohr: Rohreinlaufgeschwindigkeit in Abhängigkeit von der treibenden Temperaturdifferenz und dem scheinbaren Flüssigkeitsstand, Versuchsmedium: Wasser, 0,2 bar, Heizmedium: Wasser

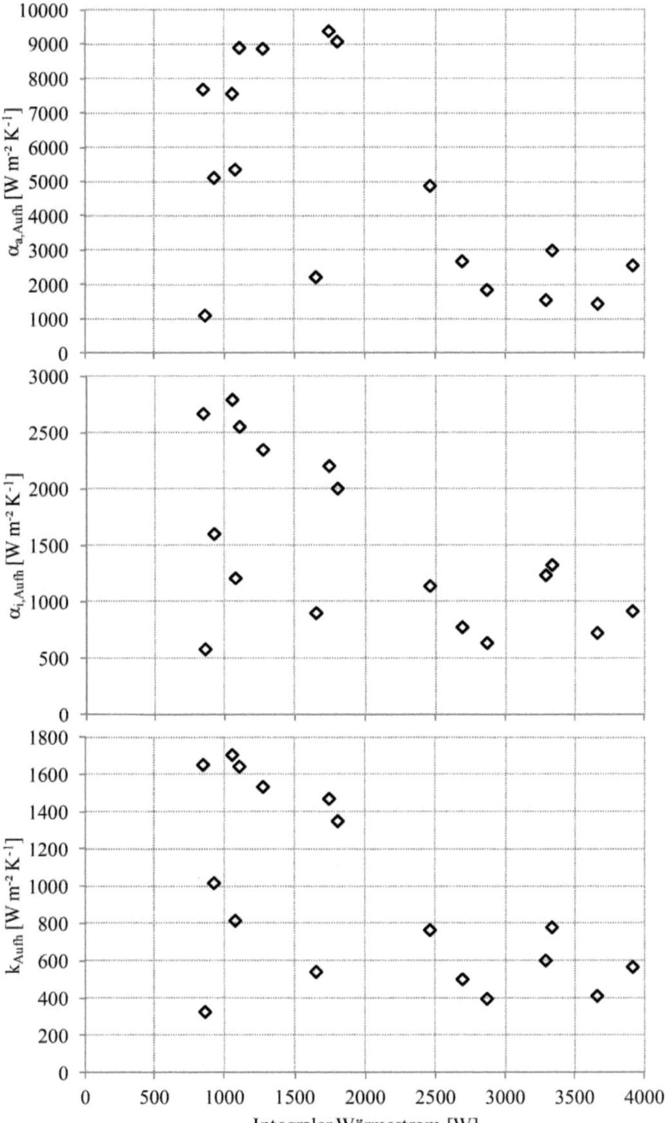

Abb. A.2.11: Innenberipptes Rohr: Wärmeübergangskoeffizienten und Wärmedurchgangskoeffizienten der Aufheizzone in Abhängigkeit vom übertragenen Wärmestrom, Versuchsmedium: Wasser, 0,2 bar, Heizmedium: Wasser

Abb. A.2.12: Photos der Versuchsanlagen, links: Fluiddynamik, rechts: Einrohr-Naturumlaufverdampfer

Lebenslauf

Name:	Jochen Hammerschmidt
Geburtsdatum:	18.10.1980
Geburtsort:	Paderborn
Familienstand:	ledig

Ausbildung

1987 – 1991	Gemeinschaftsgrundschule Meerhof
09/1991 – 06/2000	Städtisches Gymnasium Marsberg
07/2000 – 05/2001	Zivildienst beim Naturkundlichen Verein Egge – Weser, Borgentreich
10/2001 – 09/2007	Studium des Bioingenieurwesens an der Technischen Universität Braunschweig, Abschluss: Diplom Ingenieur

Berufstätigkeit

11/2007 – 12/2013	Wissenschaftlicher Mitarbeiter am Institut für Chemische und Thermische Verfahrenstechnik, TU Braunschweig
ab 01/2014	Ingenieur im Team Distillation & Phase Separation bei der Bayer Technology Services GmbH, Leverkusen